爲家人健康設計的
烘焙指南

戒斷動物奶、麩質、精製糖、豆類，
給自體免疫失調、腸道不適、慢性發炎、純素 Vegan 飲食者的
100⁺ 道原創美味甜點食譜

瑞秋‧康納斯（Rachel Conners）
與瑪麗‧古巴迪合著（Mary Goodbody）

常常生活文創

爲家人健康設計的烘焙指南

戒斷動物奶、麩質、精製糖、豆類，給自體免疫失調、腸道不適、慢性發炎、純素 Vegan 飲食者的 100⁺ 道原創美味甜點食譜

Bakerita: 100⁺ No-Fuss Gluten-Free, Dairy-Free, and Refined Sugar-Free Recipes for the Modern Baker

作　　　者／瑞秋・康納斯（Rachel Conners）
譯　　　者／徐令軒
責任編輯／趙芷渟
封面設計／化外設計

發 行 人／許彩雪
總 編 輯／林志恆
行銷企畫／杜宗林
出 版 者／常常生活文創股份有限公司
地　　　址／106 台北市大安區信義路二段 130 號

讀者服務專線／(02) 2325-2332
讀者服務傳真／(02) 2325-2252
讀者服務信箱／goodfood@taster.com.tw

法律顧問／浩宇法律事務所
總 經 銷／大和圖書有限公司
電　　　話／(02) 8990-2588
傳　　　真／(02) 2290-1628

製版印刷／龍岡數位文化股份有限公司
初版一刷／2021 年 10 月
定　　　價／新台幣 599 元
ISBN ／ 978-986-06452-4-8

FB｜常常好食　網站｜食醫行市集

國家圖書館出版品預行編目 (CIP) 資料

為家人健康設計的烘焙指南：戒斷動物奶、麩質、精製糖、豆類，
給自體免疫失調、腸道不適、慢性發炎、純素 Vegan 飲食者的
100⁺ 道原創美味甜點食譜／瑞秋・康納斯 (Rachel Conners) 著；
徐令軒譯 . — 初版 . — 臺北市：常常生活文創股份有限公司，
2021.10
　面：　公分
　譯自：Bakerita :100+ no-fuss gluten-free, dairy-free, and refined
sugar-free recipes for the modern baker
　ISBN 978-986-06452-4-8 (平裝)
　1. 點心食譜
　427.16　　　　　　　　　　　　　　　　110016044

獻給媽媽、爸爸、珊娜（Shaina），感謝你們
無條件的支持、愛與鼓勵。你們是我的靠山，
這本書少了你們任何一人都無法成真。
我永遠最愛你們。

目錄

致謝辭

　　獻給《Bakerita》部落格的讀者：你們在過去十年來的支持，讓我能夠追隨自己的熱情，並將其轉變成職業，我對此感到敬畏。這一切都是為了你們，我很開心有你們成為我生命和這段旅程的一部分。

　　珊娜，謝謝妳始終擔任我的老師兼嚮導。如果沒有妳，《Bakerita》就不會存在。非常感謝妳為我的生命帶來啟發與支持。妳是最棒的姊姊、朋友和榜樣。我永遠感激與妳成為家人。

　　媽媽，謝謝妳擔任我最初的烘焙老師和永遠的啦啦隊。在我最艱難的時刻，妳總是左右相伴，我知道無論發生任何事情，妳都會是我的依靠。妳指引我如何成為最好的自己，並給予我夢寐以求的一切。

　　爸爸，謝謝你總是鼓勵我走這條路，讓我相信在這個世界上，無論我選擇做什麼，只要真心喜歡就會成功。謝謝你總是用言語和愛支持著我，即便討厭雜亂的廚房，也容忍我將你的廚房弄得亂七八糟。真的非常非常感激。

　　凱爾（Kyle），謝謝你無條件的支持，儘管在如此瘋狂的階段進入我的人生。謝謝你品嚐了這本書幾乎所有的食譜，並且誠實地給予回饋（甚至告訴我某些照片其實不完美……鼓勵我重拍，才得以使其中的作品最終成為本書的封面）。我永遠感激你擔任我的伴侶、朋友與導師。

　　外婆、外公、奇尼（Chini）和雨果（Hugo），謝謝你們創造了這個充滿無限愛與支持的家庭。你們的智慧、指引與疼愛讓我無限感激。

　　佩堤（Patty）、約翰（John）、薇若尼卡（Veronica）、湯尼（Tony）、蘇菲亞（Sophia）、瑪雅（Maya）、伊莎貝拉（Isabella）：你們是我最愛的旅伴，也是最棒的麩質飲食評論家。我迫不及待與你們的下一場冒險。

蘿莉（Lori）、布萊恩（Brian）、薩米（Sami）、塔拉（Tara）、尼爾（Nir）、賽奇（Zachy）、麥克斯（Max）、喬登（Jordan）、愛蓮娜（Eliana）、史提芬（Steven）、馬修（Matthew）、史賓賽（Spencer）：你們總是讓我保持微笑，幫助我在難過的日子重振精神。謝謝你們擔任我最優秀的食譜試吃員，並且給予最真誠的回饋（尤其是你們這些小傢伙）。

佩姬（Paige）——我最初的烘焙夥伴兼永遠的知己，我最感謝妳的創意、愛與支持。妳充滿食譜靈感的訊息總是把我逗樂，我永遠不會忘記早期的時候，妳舉著床單當作我的攝影背景。我的每個餅乾麵團食譜都是獻給妳的！

《運動菜單》（The movement menu）的莫妮卡（Monica），謝謝妳成為我在聖地牙哥的第一位飲食部落客朋友！我十分感謝妳在這個瘋狂世界中帶給我的友情、親情與教導。

《平日之夜點心》（Weeknight Bite）的琳賽（Lindsay），謝謝妳和米契（Mitch）總是用食譜回饋影片把我逗笑。非常感謝有妳這位朋友，並且為我品嚐所有餅乾食譜！

《肉荳蔻和蜜蜂》（Nutmeg & Honeybee）的梅格（Meg），謝謝妳讓我在相處時放心做自己。我很感謝這段友誼替我的人生帶來正面影響。

麥蒂（Maddie）和蒂芬妮（Tiffany），當我們初次計畫拍攝的時候，我沒想到這些照片最終會穿插在我的第一本食譜書裡。謝謝妳們用優秀的攝影技巧捕捉我和漢克（Hank）的身影。

瑪麗（Mary），當我們在測試書中的每道食譜時，謝謝妳的條理分明、支持、食譜測試能力與持續性回饋，並且確保作品完美。妳讓我保持理智！

莉‧艾森曼（Leigh Eisenman），我永遠感激妳在整本書的製作過程中給予的支持與指導。倘若沒有妳，這本食譜書不會以如今的形式存在。謝謝妳總是在事情不如預期時保持樂觀，並且提醒我未來會更好。妳是對的！

賈斯丁‧施瓦茨（Justin Schwartz）——我在霍頓‧米夫林‧哈考特（Houghton Mifflin Harcourt）的編輯，謝謝你看見我的願景，並且幫助我將《Bakerita》的食譜書從夢想轉為現實。

艾莉森‧齊（Allison Chi），謝謝妳將這本書設計得與我想像中一樣美麗！

霍頓‧米夫林‧哈考特的全體團隊，非常感謝你們所有人和我一同打造了這本書。謝謝你們的付出與肯定。

我的故事

　　小時候無論到哪，我的目光總是深深地被甜點吸引，特別是有巧克力或花生醬的種類，最好是兩者兼具。我也愛碳水化合物——所有手裡的麵包，我都會塗抹鹹奶油或沾上巴薩米克醋和橄欖油吃掉。在餐桌上，當父母試圖讓我吃烤蔬菜和媽媽做的酸豆檸檬雞，我會吃幾口就說飽了，接著討甜點吃。他們會問「如果妳吃飽了，怎麼吃得下甜點？」

　　我會自信地說「我有『三個』胃室，分別給麵包、『真正的食物』和甜點——這個胃室還是空的。」

　　我對甜食和碳水化合物的熱愛並未隨著年紀動搖。各種澱粉和甜食堆積而成的體重讓我感到滿足：烤起司三明治、起司通心粉、巧克力蛋糕、花生醬杯、各種節慶餅乾，還有每年十二月、我和媽媽都會在廚房花上數小時製作的魔法方塊餅乾。我甚至會趁沒人注意時，溜到車庫的冷凍櫃偷吃餅乾和方塊點心。

　　儘管飲食習慣不盡理想，我的身材卻始終保持嬌小，沒有增加過多體重，這很可能歸功於每日的啦啦隊練習。但我深受頭痛所苦。小學的時候，每週我至少有數次因為嚴重偏頭痛而跑去找護士，無法專心於課業，只想回家蜷伏於黑暗中入眠，希望一覺醒來頭痛就會過去。

　　當時已經離婚的爸媽，一起帶我去看各種醫生，接受過敏測試、電腦斷層掃描與任何可以診斷出頭痛來源的檢查。我的靜脈特別難找，所以爸媽得協助醫生將我按住，確保他們在手臂上紮針試圖採血時，我不會亂動。多年來，沒有任何檢查找出原因，也未曾有人提及可能與我的飲食有關。

　　大約在那個時候，我的姊姊珊娜開始經歷嚴重的胃痛與消化問題。在諮詢過數十位醫生和物理治療師後，她決定將飲食中的麩質戒除。當時是 2011 年，無麩質的食物沒有今日普遍。多數人甚至不知道「無麩質」的意思。她當時住在學校宿舍，飲食選擇僅限於食堂供應的餐點，遵循無麩質飲食格外困難，意味著沙拉吧經常是她唯一的選項。每當她花了兩個小時的車程回到家，便會懇求我幫她做無麩質點心。

　　這樣的飲食改變，讓她普遍地更重視健康，並且她會坐在工作檯上看我烘焙。「妳真的要加那麼多糖在裡面？真的需要這麼多奶油嗎？」這種時刻，她是全世界最煩的人。難道她不知道烘焙產品需要糖和奶油才會好吃嗎？！

　　然而，珊娜仍然是我的姊姊，為了她我開始實驗無麩質烘焙。很快地，我發現自己討厭大多數食譜使用的糙米粉和鷹嘴豆粉等看似奇怪的無麩質麵粉。這些麵粉製成的餅乾和蛋糕，會帶有怪異的粉狀口感，風味也和我的烘焙成品不搭。許多食譜還會使用我念不出名字的膠質，但我不想將這些聽起來很化學的原料加入姊姊的健康點心。因此我繼續實驗，改用燕麥粉和杏仁粉等我原本就喜歡的味道。

　　當我深入研究無麩質烘焙時，我愛上了這個挑戰——使用不會引起姊姊發炎反應的原料，創造出美味的產品。隔年，爸爸開始追隨姊姊遵循無麩質飲食，我從中得到更多啟發，因為我的主要試吃員如今都不能吃一般麵粉做的點心。在普吉特灣大學（University of Puget Sound），我繼續做含有麩質和糖分的點心與小型人文學院的朋友分享；然而每當我回到聖地牙哥的家中，便只會做無麩質甜點。我在部落格上也保持這樣的平衡，上傳著無麩質和有麩質的食譜，跨足兩個領域，而非專注於其中一個。

　　接著，大學畢業不久後，姊姊生病了。經過數個月的醫師診斷和測試，她發現自己罹患了萊姆病：一種經由蜱（tick，俗稱壁蝨）傳染的細菌性疾病，會導致疲倦、頭痛、紅疹與其他症狀。若沒有及時治療，則可能演變成慢性病。

珊娜是個健康狂熱份子，並下定決心要由整體治療這個疾病（儘管她確實進行了幾次抗生素療程，那是保險公司唯一能協助治療萊姆病的方式）。她當時採取的做法之一是透過飲食，試圖餓死體內的萊姆病細菌。這意味著除了已經戒斷的麩質，還要捨棄乳製品和糖。為了能更容易地過渡到新飲食，她詢問我是否有任何點心是能替她做的。

　　起初我很懷疑，不使用麩質、糖或乳製品進行烘焙？老實說，我不確定這是可能的。經過一番研究，我發現原始人（paleo）和純素（vegan）烘焙，以及香蕉和椰棗等天然水果甜味劑。我意識到杏仁奶和燕麥奶等非乳製品可以取代動物性奶類、椰奶可以取代鮮奶油、椰子油很適合代替奶油。為了幫助珊娜對抗疾病，我開啟了全新的烘焙世界。我開始只用香蕉的糖分，替她做原始人香蕉蛋糕；以及幾乎無糖的原始人格蘭諾拉麥片，其中不含會讓她發炎的燕麥。

　　我的無麩質烘焙緩慢而明確地轉型成原始人飲食烘焙（不含麩質、乳製品和精製糖），並經常嘗試純素烘焙。我將這些食譜分享到網路上，很快便發現姊姊並不孤單。當時和現在都有一群人深受自體免疫失調與腸道問題所苦，或是純粹想要過得更健康，因此在尋找美味卻不會造成身體發炎的食譜。

本書介紹

定義飲食

本書的所有食譜都不含麩質、乳製品與精製糖，其中許多也符合更嚴格的飲食類型，例如純素、原始人飲食和無穀飲食。接著，我將定義書中提到的各種飲食類型。

無麩質：麩質是一種蛋白質，存在於小麥、黑麥和大麥等穀類。它像膠水一樣，能幫助物質黏合。當麵團經過揉和產生彈性，便是因為麩質的形成使其更容易操作。然而，麩質在許多人的消化系統中會引起發炎反應。敏感的程度因人而異，從輕微發炎到乳糜瀉（Celiac disease）──一種自體免疫疾病，攝取麩質會導致小腸受損。本書裡的所有食譜皆不含麩質，適合任何程度的麩質敏感者。我將傳統用於烘焙的小麥麵粉，以無麩質麵粉取代，並全部列在接下來的廚房備品篇章。為了重現麵粉輕盈蓬鬆的口感，經常需要用到 1–3 種不同的粉類，口感才會最好。

無乳製品：乳製品是指由哺乳動物的乳汁所製成或衍生的任何產品，例如奶油、牛奶、鮮奶油、起司、優格、酸奶油、乳清與其他。許多人對於乳製品會產生敏感、不耐或過敏症狀。乳糖不耐是一種非常普遍的乳製品不耐症，由於身體無法製造消化乳糖所需的酵素──乳糖酶（lactase），而乳糖則是乳汁中的糖分。它會帶來身體不適，但不如乳製品過敏嚴重──引起體內的過敏反應，嚴重過敏者可能會致命。本書裡的所有食譜皆不含乳製品，除了少數食譜會選用印度酥油（Ghee）。

無麩質燕麥粉：燕麥粉純粹是由燕麥磨碎製成。自製時，將燕麥放入攪拌機運轉約 30 秒，呈粉末狀即可。請確認購買的是無麩質燕麥粉或燕麥，由於有些燕麥的加工設備會與麩質共用，可能導致交叉感染。

甜味劑

椰糖：椰糖是我的首選固態甜味劑，由椰子樹的花蜜製成。我從亞馬遜的網站上散裝購買，但缺德舅超市（Trader Joe's）、全食超市（Whole Foods）與許多其他主流超市也有販售。

蜂蜜：我偏好使用溫和的生蜂蜜，但任何蜂蜜都可以。請記得蜂蜜並非純素，不過多數的情況可以用楓糖漿代替，讓食譜維持純素。

純楓糖漿：由於楓糖漿價格昂貴，為了降低成本我會購買約 960 毫升的包裝。我很喜歡用楓糖漿當作甜味劑，因為它含有大量維生素和礦物質，當然也很美味！請確認購買的是純楓糖漿，不是楓糖口味的糖漿——通常由玉米糖漿、人工色素和香料製成。

常備品

椰子油：書中最常使用的脂肪和我最愛的油種之一。我發現它是取代奶油的好選擇，因為兩者質地相似，在涼爽的室溫都是固態。椰子油的這個特質格外適合用來做餅乾，以及其他需要將脂肪和糖混合攪打的食譜。我喜歡同時備有精製和初榨兩種椰子油。我在某些食譜會選用精製椰子油，它不含椰子味但仍然保有椰子油所有其他的特性，最適合用在不想含有椰子味的食譜。若你對椰子味很敏感，可以用精製椰子油取代任何使用椰子油的食譜。否則，兩者可以替換使用。

當天氣較冷或在涼爽的廚房內，椰子油的質地會硬化；當廚房溫度較高時，質地會類似軟化奶油或融化，視溫暖程度而異。根據食譜和椰子油的狀態，可能會需要將其冷卻、軟化或是融化。將椰子油軟化時，可以用微波爐加熱 10–15 秒，並攪拌至軟化奶油的質地。融化可以簡單用微波爐進行，多數情況約 30 秒即可完成。

椰子醬：不同於椰子油。椰子油純粹是油脂，因此融化後質地較稀薄；椰子醬則是將乾燥椰肉研磨後製成，可以使用乾燥原味椰子自製（265 頁）。融化的椰子醬質地濃稠滑順，提供不同於椰子油的結構。因此，兩者無法替換，除非特別註明。椰子醬通常可以在超市的堅果醬附近找到。

如何烘烤堅果

烤堅果是我的最愛，可以替食譜增添許多風味。我使用約 175°C 的溫度將堅果烤 8–10 分鐘，或直到香氣釋出、顏色呈金黃色。有時候我會用平底鍋烤堅果，相關步驟會在食譜中介紹。當食譜提到烤堅果，上述兩種方法皆可使用（烤箱或平底鍋）。無論何種方式，使用前最好等堅果完全冷卻。

堅果醬：我熱愛堅果醬，並且用在大量食譜裡。它的作用有如脂肪，可以增添蛋白質、幫助維持柔軟質地、同時很美味。請確保使用無油、無糖的堅果醬和種籽醬。除了堅果，需要的原料應該只有少許鹽分。我喜歡在手邊備有花生醬、杏仁醬和腰果醬。我在書中也有用到葵花籽醬和胡桃醬。若無法盡速用完，請放入冰箱保存。此外，由於我們使用的是天然堅果醬，不含任何乳化劑，使用前請確保攪拌均勻。

泡打粉和小蘇打粉：若你遵循嚴格的無穀飲食，請購買無玉米成分的泡打粉，例如 Pamela 品牌。務必確認材料的新鮮狀態，否則效果會不如預期！

堅果：由於我很常使用堅果，手邊總是會有滿滿的庫存。我喜歡備有大量腰果、花生、胡桃和杏仁。除了花生，我全部購買生的狀態。若無法儘速用完，請放入冰箱保存。

巧克力豆和巧克力塊：巧克力可能是較難找到同時不含乳製品與精製糖的原料。我在所有食譜裡用到的椰糖巧克力豆，皆來自聖塔巴巴拉巧克力（Santa Barbara Chocolate）或胡廚房（Hu Kitchen）等品牌，但不包含使用巧克力塊的時機。後者的情況，可以購買任何添加椰糖的塊狀巧克力，例如胡廚房或飲食進化（Eating Evolved）等品牌；若不介意攝取少量精製糖，可以選用含蔗糖的巧克力。請避免使用添加安定劑、食用蠟質、乳製品或防腐劑的巧克力。黑巧克力不含奶粉或大量糖分，異國情調更勝苦甜或微甜巧克力。我在食譜中將黑巧克力稱作「苦甜巧克力」。你可能會看到有百分比標示的巧克力，例如 60% 可可。此處意指可可在巧克力中與糖的相對比例，因此 60% 的巧克力是由 60% 可可和 40% 糖所組成。我的食譜喜歡用 60–80% 的可可，但這裡取決於個人偏好的巧克力甜度，可依照自己的喜好選擇。

可可粉（生可可和熟可可）：生可可（cacao）和熟可可（cocoa）的差異十分簡單：生可可產品是由生可可豆製成；熟可可產品則是來自烘烤過的可可豆。

> ## 浸泡腰果
>
> 我在許多腰果起司蛋糕和糖霜中都會使用浸泡生腰果。我發現將腰果浸泡在過濾水中至少 4 小時（隔夜甚至更好），與食材混合的程度最佳。如果只要浸泡 4–6 小時，可以放在室溫；若要泡更久，我會放入冰箱。避免浸泡超過 12 小時，否則會產生粉狀口感。使用前將腰果瀝乾，用冷水潤洗。緊要關頭時，可以將滾水倒入腰果，於室溫下靜置約 1 小時。成品無法像浸泡後那般滑順，但具有類似的效果！

相較之下，我偏好使用生可可產品（可可粉、可可脂、可可碎粒），因為其富含抗氧化物、維生素和礦物質。然而，熟可可產品通常便宜許多，大部分的食譜亦可用來取代生可可，包含本書所有的食譜。

可可脂（生或熟可可脂）：可可脂具有巧克力風味，但除去可可粉深沈濃郁的味道。許多白巧克力甜點和免烤甜點會使用可可脂。若無法取得可可脂，經常會用椰子油替代，但味道會不同，熔點也比較低。

全脂椰奶：我盡量使用不含膠質的椰奶。椰奶通常以紙盒和罐裝販售，我偏好罐裝椰奶的質地。打開罐頭時，椰奶表層通常會呈現固態，將其攪拌與下方液態椰奶混合均勻，或是將罐頭倒入碗中攪拌，直到形成滑順的質地。

椰漿：我熱愛用打發椰漿來裝飾塔、派和蛋糕。椰漿是椰奶中較濃稠、脂肪含量較高的部分。將一罐全脂椰奶放入冰箱，隔天椰漿會分離，在表面形成堅硬的乳白色層。需要用到椰漿時，指的就是這個部分！市面上也有純椰漿罐頭，容量約 160 毫升或 400 毫升。食譜中幾乎總是冷卻使用，並且確保經過隔夜冷藏，使用前將罐子底部的水分瀝乾。

自然魅力（Nature's Charm）品牌生產了一款名為「椰子打發奶油」的優秀商品，帶有些微椰糖甜味，非常適合用來裝飾。若可以找到這款商品，我建議提到打發椰漿時都使用它。

植物奶：我的冰箱總是會有幾罐植物奶，無論是杏仁奶、腰果奶或燕麥奶。它們通常可以在食譜中互換，只要避免用來代替全脂椰奶即可。

燕麥片：燕麥本身不含麩質，但經常與小麥共用生產線，因此請確保選用無麩質認證的燕麥。

特級初榨橄欖油：我在一些蛋糕食譜中使用橄欖油。請確保選用帶有輕盈果香、不含苦味的橄欖油。

冷凍乾燥水果：有些甜點我會使用冷凍乾燥草莓和香蕉進行調味。我在缺德舅超市（Trader Joe's）購買，但網路上或其他超市亦有販售。

香料

- 海鹽　　- 肉豆蔻　　- 薑　　- 肉桂　　- 多香果（Allspice）

香草莢粉：我經常用香草莢粉創造鮮明的香草味，來避免使用非常昂貴的完整香草莢。香草莢粉是由完整香草莢磨製而成，因此保留了濃郁風味但價格較實惠。少量即可產生明顯效果——我只用了一小罐便測試完書中所有的食譜。一般商店通常不會販售香草莢粉，所以我都是從亞馬遜的網站購買。若沒有這項材料，並且不想購買，可以使用兩倍量的香草精代替，但成品不會帶有香草莢碎屑。

純香草精：請確認購買的是純香草精，而不是經過稀釋、添加了人工「香草味」的烘焙香草精。

亞麻籽素蛋（FLAX EGGS）

本書有許多食譜皆使用亞麻籽素蛋取代雞蛋，使成品保持純素！更多亞麻籽素蛋的資訊請見下方。

準備 1 份亞麻籽素蛋：將 1 湯匙亞麻籽粉與 2½ 湯匙水混合。攪拌均勻，靜置 5–10 分鐘，或直到開始呈現黏稠膠狀。

有些食譜會需要 1½ 或 2 份亞麻籽素蛋。準備 1½ 份亞麻籽素蛋：將 1 湯匙 ＋ 1½ 茶匙亞麻籽粉與 ¼ 杯水混合。準備 2 份亞麻籽素蛋：將 2 湯匙亞麻籽粉和 5 湯匙水混合。

海鹽片：我經常用它來裝飾烤過的點心，特別是巧克力口味的成品！它會增添一些酥脆口感，但口味不會過鹹。馬爾頓（Maldon）和雅各布森（Jacobsen）是我最愛的品牌。

冰箱

雞蛋：當我需要蛋的時候，會確保購買有機蛋，放養的種類甚至更好。我喜歡超市販售的「重要農場」（Vital Famrs）雞蛋，或是若可以的話，從農夫市集購買。我都用大顆的雞蛋。
編按：本書以「旦糕」通稱原料不含雞蛋的糕點類產品。

亞麻籽粉：我經常用亞麻籽粉製作亞麻籽素蛋。雖然有現成亞麻籽粉，但我偏好使用 Vitamix 攪拌機自製，亦可用乾淨的乾燥香料研磨器。我會一次大量製作，放入密封罐冷藏，讓它盡可能保鮮。

第一章

早餐和點心

成功的秘訣：

烘烤馬芬蛋糕和麵包時，請確保烤箱全程關上。太早打開烤箱會流失過多熱氣，導致蛋糕或杯子蛋糕中央塌陷。

本章節有許多食譜可以提前準備，這樣就能享用快速又簡便的早餐或點心！我喜歡將馬芬、麵包和司康放入冷凍庫保存，餓的時候便可以加熱食用。格蘭諾拉麥片、燕麥棒、鬆餅和燕麥粥則很適合冷藏。每道食譜皆有保存指示，以便提前製作。

蓬鬆純素鬆餅

純素、免烤、無麩質、無乳製品

沒有什麼比週末早晨的新鮮鬆餅更好了，這些蓬鬆的純素鬆餅能用攪拌機快速完成，在早上飲用咖啡前便可以準備好。這款食譜也是研發獨創鬆餅的絕佳起點。蘋果醬可以換成香蕉或南瓜泥，創造個人的口味變化──香蕉核桃或南瓜巧克力豆鬆餅，有人喜歡嗎？！這款食譜可以輕易做成 2–3 倍，給更多人享用。

將植物奶和醋倒入小碗或量杯中混合，靜置約 5 分鐘至凝固。

於攪拌機內加入凝固的植物奶、燕麥片、蘋果醬、楓糖漿、香草、泡打粉、鹽和（肉桂）。攪拌約 30 秒，至燕麥碎裂、麵糊滑順。讓麵糊靜置約 5 分鐘稠化。

待麵糊變稠後，用中火將平底鍋 / 煎烤盤加熱至中等溫度，抹上少許椰子油。將 ¼ 杯麵糊舀入鍋內，用勺子 / 湯匙背面輕柔地抹開。（若使用煎烤盤或大型鍋具，可以同時煎數個鬆餅。）煎至邊緣呈現熟的狀態，約 2 分鐘。小心地將鬆餅翻面，煎至金黃色，約 1–2 分鐘，維持中火避免焦掉。將鬆餅盛盤，蓋上乾淨的餐巾保溫。

重複上述步驟至麵糊用盡。進行下一個鬆餅前於鍋中加點油，並將鬆餅重疊放入餐盤。

趁熱上桌，搭配楓糖漿、優格、新鮮水果、堅果醬和 / 或巧克力！

若要保存於日後食用，將鬆餅用保鮮膜包起來，放入冷藏至多 4 天。用微波爐加熱 15–30 秒即可享用。

準備時間：15分鐘
烘焙時間：15分鐘
總時間：30分鐘
份量：6–7份小鬆餅

½ 杯無糖杏仁奶/其他植物奶
1湯匙蘋果酒醋
1杯無麩質燕麥片
¼ 杯無糖蘋果醬
2湯匙純楓糖漿
1茶匙純香草精（非必要）
1湯匙泡打粉
¼ 茶匙肉桂粉（非必要）
⅛ 茶匙猶太鹽
椰子油，烹調用
純楓糖漿、椰子優格、新鮮水果、堅果醬、苦甜巧克力或任意組合，搭配用

準備時間：10分鐘
烘焙時間：20分鐘
總時間：30分鐘
份量：12份

. . . .

¾杯無糖杏仁奶

1湯匙蘋果酒醋

1½杯（144g）去皮杏仁粉

1杯（172g）玉米粉

½杯（57g）木薯粉

½杯（72g）椰糖

2茶匙泡打粉

1茶匙小蘇打粉

1¼茶匙猶太鹽

¾茶匙肉桂粉

⅓杯（67g）精製椰子油，融化

2份亞麻籽素蛋（見秘訣）

1杯新鮮藍莓，可另備更多當作
　配料

秘訣

製作2份亞麻籽素蛋：
將2湯匙亞麻籽粉和5湯匙水混
合。攪拌均勻，於室溫靜置
約10分鐘，至形成膠狀。

藍莓玉米粉馬芬
純素、無麩質、無乳製品

藍莓玉米粉馬芬是最棒的療癒食物之一。香甜的藍莓、肉桂和糖的氣味從烤箱散發出來，令人難以抗拒——只好從烤箱拿一個出來，抹上少許奶油、蜂蜜或堅果醬大快朵頤。這份食譜是經典款式的改良版，多虧有了玉米粉，替不敗的風味增添一點口感。我喜歡將馬芬放入冷凍庫保存，以便隨時可以加熱，來頓快速早餐或點心。

. . . .

烤箱預熱至 190°C。將 6 格 /12 格馬芬烤盤套上紙模。

將杏仁奶和醋倒入碗中混合，靜置約 5 分鐘至凝固。

同時，將杏仁粉、玉米粉、木薯粉、椰糖、泡打粉、小蘇打粉、鹽和肉桂倒入大碗攪拌均勻，確保沒有結塊。

將融化椰子油和亞麻籽素蛋加入植物奶混合物，攪拌至滑順。將濕性混合物加入乾性混合物，徹底攪拌至滑順。拌入藍莓。

將麵糊均分至 12 格馬芬模，每格約四分之三滿。若想要，可以在表面撒上額外的藍莓。烤至金黃色、用牙籤測試馬芬中央不沾黏即可，約 20 分鐘。

讓馬芬在烤盤中冷卻約 15 分鐘，脫模後移至網架上完全冷卻，保留紙模。若喜歡可以趁熱食用。事實上，我會建議嘗試一個熱的！

放入密封盒可於室溫保存 3 天、冷藏可達 1 週。冷凍保存可放 3 個月，用保鮮膜或蜂蠟紙包好，接著放入密封盒避免凍燒（freezer burn）。

榛果巧克力香蕉旦糕

純素、無麩質、無乳製品

從小到大，很少有事情比在媽媽家裡的櫥櫃上，看到一串過熟香蕉更令人興奮——這代表很快就會有香蕉旦糕了。以前我們都用預拌粉製作香蕉旦糕，但現在我幾乎不會重複做相同口味的香蕉旦糕。我總是會有獨特的想法並嘗試不同口味 ...... 但這個榛果巧克力版本是我的新歡、打破了我的實驗習慣。這款旦糕用自製的榛果巧克力醬點綴，利用很多熟香蕉創造柔軟口感和風味，加上巧可力和榛果的口感，可當作完美的早餐或點心。

烤箱預熱至 175°C。將 11x20 公分的吐司模鋪上烘焙紙、刷上少許椰子油。（亦可用 13x23 公分的吐司模，成品會比較薄。）

將香蕉泥、椰糖、杏仁奶、榛果巧克力醬、椰子油和亞麻籽粉倒入大型攪拌盆。充分攪拌混合，麵糊應該要滑順、剩下少許小塊香蕉。

另取一個碗，混合榛果粉、燕麥粉、生可可粉、小蘇打粉、泡打粉和鹽。用橡皮刮刀將乾性食材拌入濕性食材，攪拌至充分混合。拌入巧克力豆。

將麵糊倒入備用吐司模。若喜歡可以撒上榛果、巧克力豆或兩者皆用。

烘烤 50 分鐘 –1 小時，至牙籤 / 刀子刺入中心不沾黏即可。若使用 13x23 公分的吐司模，約 40–45 分鐘時便可測試。

讓旦糕在模具中完全冷卻後再脫模切片。用保鮮膜 / 鋁箔紙包緊或放入密封容器，可於室溫保存 3 天、冷藏可達 1 週、冷凍至多 6 個月。我喜歡放入冷凍，想吃的時候隨時可以用微波爐加熱！

準備時間：10分鐘
烘焙時間：50分鐘
總時間：1小時
份量：10片

- 1 1/3 杯（303g）過熟香蕉泥（3–4根小/中型香蕉）
- 1/3 杯（48g）椰糖
- 1/4 杯無糖杏仁奶/其他植物奶
- 1/4 杯（64g）榛果巧克力醬（269頁）
- 1/4 杯（50g）精製椰子油，融化
- 2湯匙亞麻籽粉
- 1杯（112g）榛果粉（見秘訣）
- 3/4 杯（90g）無麩質燕麥粉
- 1/2 杯（42g）生可可粉
- 1茶匙小蘇打粉
- 1茶匙泡打粉
- 1/2 茶匙猶太鹽
- 113g苦甜巧克力豆/巧克力塊（約2/3杯）
- 少許榛果碎粒，配料用（非必要）
- 少許巧克力豆，配料用（非必要）

秘訣

自製榛果粉時，可以用調理機將榛果打碎至細緻麵粉狀。鮑伯的紅磨坊（Bob's Red Mill）也有販售現成榛果粉。

準備時間：15分鐘
烘焙時間：45分鐘
總時間：1小時
份量：8份（約6杯）

....

1½杯（144g）無麩質燕麥片
1½杯（169g）生胡桃，略切
1杯（60g）無糖椰子片
2湯匙奇亞籽
2湯匙大麻籽（hemp seeds）
½杯（122g）無糖蘋果醬
⅓杯（48g）椰糖
¼杯（50g）精製椰子油，融化
¼杯（64g）滑順胡桃醬/腰果醬
　　或（42g）杏仁醬
2湯匙純楓糖漿
1湯匙肉桂粉
1茶匙純香草精
½茶匙肉豆蔻粉
¼茶匙丁香粉
¼茶匙多香果
¼茶匙海鹽
½杯無糖蘋果乾，切碎

肉桂蘋果格蘭諾拉麥片

純素、無麩質、無乳製品

想讓你的廚房聞起來像夢幻的秋天嗎？那就烤一批肉桂蘋果格蘭諾拉麥片吧！它會讓廚房終年帶有秋天的甜味，我無法用言語形容聞起來有多麼美味。這款麥片香甜、酥脆，富含肉桂、肉豆蔻和多香果等溫暖香料，拌入胡桃和蘋果乾增添口感。這份食譜對我一個人來說份量有點多，所以我喜歡裝入舊罐子當作禮物，保證摯愛的親友們臉上會露出笑容！

....

烤箱預熱至 150°C。將大型烤盤（約 15x30 公分）鋪上烘焙紙，若紙不夠大可以鋪兩張。

將燕麥片、胡桃、椰子片、奇亞籽和大麻籽倒入大碗混合。

另取一個碗，混合蘋果醬、椰糖、椰子油、堅果醬、楓糖漿、肉桂、香草、肉豆蔻、丁香、多香果和鹽。

將濕性食材倒入乾性食材，攪拌至乾性食材被包覆。將混合物倒入烤盤鋪開，輕壓至均勻分佈，厚度約 0.6 公分。

烘烤約 45–55 分鐘，每 20 分鐘將烤盤轉向，確保受熱均勻，直到外觀呈金黃色、觸感乾燥。

讓麥片在烤盤中冷卻，避免翻動。這樣做能幫助定型。冷卻後，撒上切碎蘋果乾。

放入密封罐或密封袋，室溫可保存 2 週、冷藏至多 2 個月。

烤巧克力甜甜圈

無穀類、原始人、無麩質、無乳製品

小時候，爸爸的任務是找出適合我吃的健康零食。某天，他問了我一個看似簡單的問題：「你最喜歡哪一種堅果？」六歲的我想了一下，靈光一閃說：「甜甜圈！」那段日子，我傾向選擇和我的臉一樣大、裹著巧克力糖霜的甜甜圈。如今我仍然熱愛甜甜圈，但選擇卻有點不同，雖然我還是偏好巧克力口味。這款巧克力甜甜圈有如蛋糕般鬆軟，搭配美味的鹹楓糖糖霜。裡頭的香蕉泥增添了柔軟香甜的特性，並釋出些許風味。若不喜歡香蕉，可用無糖蘋果醬代替。

烤箱預熱至 175°C。將 6 格 /12 格甜甜圈烤盤稍微刷上椰子油。

製作甜甜圈： 取大型攪拌盆，混合杏仁粉、木薯粉、椰糖、生可可粉、小蘇打粉和鹽。

另取一個攪拌盆，將香蕉泥、植物奶、蛋、椰子油和香草精混合。將其倒入乾性食材，攪拌均勻。

將麵糊舀入備用烤盤，每格裝至三分之二滿。亦可用擠花袋 / 截角的夾鏈袋，將麵糊擠入格子。烘烤約 10 分鐘，至甜甜圈呈現結實狀態、用牙籤測試不沾黏即可。待成品完全冷卻後再小心脫模。

製作糖霜： 將腰果醬、楓糖漿和椰子油倒入碗中，攪拌均勻。將甜甜圈的表面浸入糖霜，讓多餘的糖霜自然滴落，接著排列在烤盤上。撒上少許海鹽片。放入冷藏約 1 小時或更久，讓糖霜定型。

將成品確實密封，冷藏可保存 5 天、冷凍約 1 個月。

準備時間：15分鐘
烘焙時間：10分鐘
總時間：25分鐘
份量：12份

甜甜圈

1杯（96g）去皮杏仁粉
1/3杯（38g）木薯粉
2/3杯（96g）椰糖
1/2杯（48g）生可可粉
1/2茶匙小蘇打粉
1/2茶匙猶人鹽
約1/2杯成熟香蕉泥（2根中型香蕉）
1/3杯植物奶，如無糖杏仁奶
2大顆蛋，常溫
1/4杯（50g）精製椰子油，融化
1茶匙純香草精

糖霜

1/4杯滑順腰果醬（見秘訣）
2湯匙純楓糖漿
2湯匙精製椰子油，融化/冷卻
海鹽片，點綴用

秘訣

糖霜的腰果醬可以換成任何堅果醬。花生醬會很美味！

一小時肉桂捲

原始人、無穀類、純素、無麩質、無乳製品

長久以來，我的姊姊珊娜不停拜託我幫她做肉桂捲。但不是普通的肉桂捲。她不吃穀類，所以必須是無穀類版本。為了研發滿足她口慾的食譜，我總是備感壓力，因為她幾乎算是肉桂捲狂熱份子。每當我們造訪的健康餐廳有提供無麩質肉桂捲，她一定會點。這款食譜經過幾次測試終於成功。當我將成品帶到聖誕節的家庭聚餐時，不只珊娜，其他未曾嘗試過無穀類／原始人／純素甜點的家人也讚不絕口。這些肉桂捲柔軟蓬鬆、散發濃郁肉桂味，加上不含酵母，1 小時便能完成。此外，底部是具有黏性的類麵包層，酥脆有嚼勁，讓人無法自拔。食用前別忘了加熱，再配上大量濃郁的「奶油起司」風格糖霜，就是最美味的享受！

開始前，先浸泡腰果供糖霜使用。將腰果放入大碗，加水蓋過約 3–5 公分。於室溫浸泡至少 4 小時，若時間更久，可放入冰箱至多 12 小時。若無法長時間浸泡，將滾水注入腰果，靜置 1 小時。

烤箱預熱至 205°C。

將 8 吋／9 吋方形烤盤刷上椰子油。（9 個肉桂捲適合放入 8 吋烤盤；12 個肉桂捲用大於 8 吋的烤盤會更容易。亦可用稍微更大的長方型烤盤、類似尺寸的圓形砂鍋或鑄鐵平底鍋。）

製作甜胡桃底座：將融化的印度酥油淋在烤盤底部，稍微晃動使油均勻覆蓋。均勻地撒上椰糖，接著倒入胡桃、淋上蜂蜜。

製作麵團：將植物奶和蘋果酒醋倒入中碗混合，靜置約 5 分鐘至凝固。

準備時間：25分鐘
烘焙時間：25分鐘
總時間：50分鐘（外加浸泡腰果）
份量：9–12個

1杯（120g）生腰果

甜胡桃底座
3湯匙印度酥油／純素奶油，融化
1/3杯（48g）椰糖
1/2杯（57g）切碎胡桃
2湯匙蜂蜜

麵團
1杯植物奶，如無糖杏仁奶，微溫
1湯匙蘋果酒醋
6湯匙（75g）精製椰子油，融化冷卻
2茶匙純香草精
3½杯（336g）去皮杏仁粉
1杯（113g）木薯粉，另備更多桿麵用
1/4杯（36g）椰糖
2茶匙泡打粉
1/2茶匙小蘇打粉
3/4茶匙猶太鹽
1/2茶匙肉桂粉
1/4杯（20g）洋車前子粉（psyllium husks）

待續

43

內餡

6湯匙印度酥油/純素奶油，軟化

¼杯椰糖

1湯匙肉桂粉

¾杯切碎胡桃（非必要）

糖霜

½杯罐裝全脂椰奶

¼杯純楓糖漿

1湯匙新鮮檸檬汁

½茶匙蘋果酒醋

¼茶匙香草莢粉或½茶匙純香草
　精

少許鹽

秘訣
〜〜〜

剩餘的肉桂捲可放入密封盒，
冷藏保存**5天**。我喜歡加熱後
再食用。

將融化椰子油和香草精倒入凝固的植物奶，攪拌均勻。

另取一個攪拌盆，混合杏仁粉、木薯粉、椰糖、泡打粉、小蘇打粉、鹽和肉桂粉。

將洋車前子粉倒入植物奶混合物（這個步驟不要提前做，否則會變太濃稠），攪拌均勻後，立即將濕性食材加入乾性食材。用刮刀或木湯匙攪拌至麵團成型。狀態會是柔軟、稍微帶有黏性。若麵團非常黏，額外添加 1–2 湯匙木薯粉。

於工作檯面鋪上大張烘焙紙 / 保鮮膜，撒上充足的木薯粉。將麵團轉移到紙上，壓成大長方形，接著用擀麵棍將麵團擀成約 20x30 公分長方形，厚度約 0.6 公分。

製作內餡：將印度酥油、椰糖和肉桂粉倒入小碗混合。用小型曲柄抹刀，將其均勻抹在麵團上。可自由撒上胡桃，並輕輕壓入麵團。

透過烘焙紙 / 保鮮膜的輔助，將麵團縱向捲成圓柱狀，盡可能維持捲緊的狀態。

使用鋸齒刀或鋒利的刀，輕柔地將麵團等分切割，每份厚度約 3–5 公分，總共有 9–12 個肉桂捲。將肉桂捲切面朝上、放入備用烤盤，讓彼此有所接觸但不會太擠。烘烤 25–30 分鐘，至外觀呈金黃色。

製作糖霜：烘烤肉桂捲時，將腰果瀝乾洗淨。倒入高速攪拌機，加入其餘糖霜原料，以中速攪拌約 2–4 分鐘，至質地非常滑順綿密。若不是要立即食用，將糖霜放入密封罐冷藏。

食用前，將糖霜淋在溫熱的肉桂捲上。

酥脆莓果派

原始人、無穀類、純素、無麩質、無乳製品

就讀中學時，每當早上體育課結束，我就會和最好的朋友們跑去販賣機，幫自己買一個果漿吐司餅乾（Pop-Tart）。它吃起來有點黏稠、非常甜，讓我愛不釋手。我一直想要自製更健康的版本，這也是我在發想食譜書的內容時，最早出現的點子。成品是一種懷舊的享受，讓我立刻重回中學時光，但不再有胃痛。內餡可以選擇任何喜歡的莓果或綜合莓果。

製作莓果內餡：將莓果和楓糖漿倒入可微波的碗中混合，包上保鮮膜，微波 2 分鐘。用大叉子將熱莓果壓碎，接著拌入奇亞籽和檸檬汁。包上保鮮膜，再微波 1 分鐘，直到冒泡。將內餡放入冷藏冷卻，並同時準備派皮。

製作派皮：將杏仁粉、木薯粉、椰子油、亞麻籽粉、椰糖和鹽倒入裝有金屬刀片的食物調理機或攪拌盆。用調理機瞬轉模式或奶油切刀（pastry blender）混合，至極少量椰子油殘留、混合物呈粗粒狀。

加入冷水，用瞬轉或手動混合至麵團成型。若在碗中攪拌，最後可能需要用手將麵團揉勻。若需要可額外加水，確保麵團聚集成球狀。

將麵團放在撒有木薯粉的烘焙紙上，於表面撒上更多木薯粉。桿成約 20x30 公分的大長方形、厚度稍微少於 0.6 公分。為了避免沾黏，另取一張烘焙紙放在麵團表面，隔著紙將麵團桿平。

待續

準備時間：1小時
等待時間：1小時
烘焙時間：30分鐘
總時間：2.5小時
份量：4份

莓果內餡

2杯新鮮莓果（約473ml），如綜合草莓、藍莓和覆盆子

2湯匙純楓糖漿

2湯匙奇亞籽

1湯匙新鮮檸檬汁

派皮

1杯（96g）去皮杏仁粉

1杯（113g）木薯粉，另備桿麵用

6湯匙（75g）精製椰子油，軟化（見秘訣）

3湯匙亞麻籽粉

2湯匙椰糖

¼茶匙猶太鹽

3湯匙冷水

3–4湯匙植物奶，如無糖杏仁奶或1大顆蛋，稍微打散

糖霜

3湯匙椰子醬，另備淋醬用（非必要）

1湯匙精製椰子油，軟化

1茶匙壓碎冷凍乾燥草莓（2–3顆冷凍乾燥草莓）

將長方形麵團留在烘焙紙上，橫向切出 4 段寬 7.5 公分的長條，再將長條對切，總共得到 8 個 7.5x10 公分的長方形。

取 1 大湯匙冷卻內餡，填入 4 個長方形麵團，讓內餡盡量靠入中央、遠離邊緣。放上另一個長方形麵團，用小型抹刀調整麵團位置。用叉子將整圈邊緣密合。小心地將烘焙紙和麵團移入烤盤，冷藏至少 1 小時，在烘烤前稍微定型。

烘烤前，將烤箱預熱至 175°C。用毛刷將麵團刷上植物奶（非純素者可用蛋液）。烘烤 30 分鐘，至外觀呈金黃色。完全冷卻後再淋上糖霜。

製作糖霜：將椰子醬和椰子油倒入小型可微波的碗裡，加熱約 30 秒至融化。攪拌至滑順，加入壓碎的冷凍乾燥草莓。舀 1 湯匙糖霜淋在每個派上，可自由淋上椰子醬，接著冷藏至少 15 分鐘，定型後再上桌。

有糖霜的派可冷藏保存 3 天（但第一天最好吃）；沒有糖霜的派密封後，冷凍可保存 3 個月。解凍時，放入 175°C 小烤箱約 10 分鐘或至溫度夠熱。

秘訣

椰子油的質地應該要像堅硬的冷奶油。若融化成液態，表示廚房過熱，放入冰箱 **15-20**分鐘，待凝固再使用。

準備時間：2分鐘
烘焙時間：8分鐘
總時間：10分鐘
份量：1份

....

⅓杯（36g）無麩質燕麥片
1根中型熟香蕉，泥狀
½杯植物奶，如無糖杏仁奶

香蕉甜味燕麥粥

純素、免烤、無麩質、無乳製品

小時候，我以為自己討厭燕麥片。因為它的糊狀質地、沒有味道，讓人完全沒胃口。後來姊姊向我示範她如何製作燕麥粥：用熟香蕉創造甜味，通常會加入生可可粉，並搭配各種超級食物。我很快就轉念了，現在起床都在想著溫熱甜甜的香蕉燕麥粥。數年來，我在個人網站分享了這個食譜的各種版本，成功地讓許多討厭燕麥片的人改觀。我用姊姊的基礎食譜加以發揮：以下列出幾個我最愛的配料搭配，但這裡可以無限發揮想像力。我熱愛巧克力莓果版本，並且永遠無法抗拒淋上健康的堅果醬，但取決於手邊現有食材和想加什麼而定！

....

將燕麥片、香蕉泥和植物奶倒入小型湯鍋。以中火煨煮，經常攪動，至植物奶被燕麥吸收，約 5–10 分鐘。將燕麥粥舀入碗裡，加上自選配料（見變化），請立即享用！

變化

花生果醬燕麥粥：將燕麥粥配上 1 湯匙天然甜味的果醬和花生醬 / 其他堅果醬。

草莓巧克力燕麥粥：於植物奶中加入 1 湯匙無糖生可可粉，製成巧克力燕麥粥。配上 ¼ 杯草莓丁和 1 湯匙切碎苦甜巧克力 / 迷你巧克力豆。

椰子杏仁醬燕麥粥：於植物奶中加入 1 湯匙無糖生可可粉，製成巧克力燕麥粥。配上 1 湯匙椰子片、1 湯匙杏仁碎、1 湯匙苦甜巧克力豆，再淋上杏仁醬（若太濃稠，可稍微加熱）。

水蜜桃克林姆燕麥粥：於燕麥粥加上新鮮水蜜桃丁和 1 勺椰子優格。

巧克力花生醬燕麥粥：於植物奶中加入 1 湯匙無糖生可可粉，製成巧克力燕麥粥。配上 1 湯匙花生、1 湯匙苦甜巧克力豆，再淋上花生醬（若太濃稠，可稍微加熱）。

薰衣草檸檬覆盆子司康

原始人、無穀類、純素、無麩質、無乳製品

多年來，每當我聽到「司康」，心中就會浮現乾燥、碎屑、無味這些字。然而在倫敦留學的大三時光，我經常吃司康配茶，才知道司康可以和應該多好吃：柔軟、有層次又美味。儘管多數傳統英式司康不會添加調味，我做的是美式版本。薰衣草增添了細微的花香，搭配檸檬和莓果的酸度恰到好處。我最愛的享用方式是將司康放入烤箱重新加熱，再抹上少量果醬和／或純素奶油。

烤盤鋪上烘焙紙、撒上葛粉。用手心搓揉薰衣草，使花朵分散釋出香氣。

將薰衣草、杏仁粉、葛粉、椰糖、泡打粉、鹽和檸檬皮倒入裝有金屬刀片的調理機或大型攪拌盆，用瞬轉或打蛋器混合。加入椰子油，用瞬轉、奶油切刀或叉子將椰子油拌入乾性食材，至僅存少量椰子油。

於小型攪拌盆混合椰奶、檸檬汁和亞麻籽素蛋。倒入乾性食材內，用瞬轉或手動攪拌至完全混合。拌入覆盆子（用手操作）。

將麵團移至烘焙紙上，撒上葛粉，壓成直徑 20 公分、厚度約 4 公分的圓形。冷藏 1 小時至冷卻。

烤箱預熱至 190°C。

將冷卻的圓形麵團切成 8 份三角形司康。將彼此分開、避免碰觸，留在鋪有烘焙紙的烤盤上。可自由撒上粗糖。烘烤約 30 分鐘，至外觀呈金黃色。

趁熱食用，若喜歡可以淋上椰子醬。放入密封盒，可冷藏保存至多 1 週。

準備時間：20分鐘
等待時間：1小時
烘焙時間：30分鐘
總時間：1小時50分鐘
份量：8份

1¼茶匙乾燥食用級薰衣草
2¼杯（216g）去皮杏仁粉
¾杯（96g）葛粉，另備手粉用
¼杯（36g）椰糖
1¼茶匙泡打粉
½茶匙海鹽
1顆中型檸檬皮屑
½杯（100g）精製椰子油，固態
⅓杯罐裝全脂椰奶
2湯匙新鮮檸檬汁
1份亞麻籽素蛋（見秘訣）
1杯新鮮覆盆子
粗糖（turbinado sugar），點綴用（非必要）
椰子醬，裝飾用（非必要）

秘訣

製作1份亞麻籽素蛋：將1湯匙亞麻籽粉和2½湯匙水混合。攪拌均勻，於室溫靜置約10分鐘，至形成膠狀。

準備時間：15分鐘

烘焙時間：16分鐘

總時間：31分鐘

份量：12份

....

1杯香蕉泥（2根大香蕉）

3大顆蛋，常溫

3湯匙精製椰子油，融化

¼杯植物奶，如無糖杏仁奶

⅓杯（85g）滑順杏仁醬

1茶匙純香草精

⅓杯（43g）椰子粉

1茶匙肉桂粉

¾茶匙小蘇打粉

¾茶匙泡打粉

½茶匙猶太鹽

½杯新鮮胡蘿蔔絲

½杯切碎烤胡桃

⅓杯黃金葡萄乾

秘訣

製作無堅果的馬芬，只要使用
非堅果醬（像是葵花籽醬、
中東芝麻醬）、無堅果奶，
並省略胡桃即可。

晨輝馬芬

原始人、無穀類、無麩質、無乳製品

這款食譜成為我的許多部落格讀者的常用食譜，這當然是有原因的！
這些用料豐富的馬芬是你夢寐以求的早餐。容易製作，富含各種健康
成分。多虧有了香蕉、胡蘿蔔絲和杏仁醬，讓馬芬極度鬆軟美味。烤
胡桃和黃金葡萄乾增添了嚼勁和酥脆口感，可輕易換成自己喜愛的堅
果與果乾。甜度介於熟香蕉和葡萄乾之間，不需要添加任何糖！你的
早晨將會為此感激你！

....

烤箱預熱至 175°C。將 12 格馬芬烤盤套上紙模或刷上椰子油。

將香蕉泥、蛋、椰子油、杏仁奶、杏仁醬、香草精倒入大型攪拌
盆，或裝有槳狀攪拌器的桌上型攪拌機徹底混合。加入椰子粉、肉
桂粉、小蘇打粉、泡打粉和鹽，攪拌均勻。拌入胡蘿蔔絲、烤胡桃
和葡萄乾。

將麵糊均分至備用馬芬烤盤，每格裝至三分之二滿。烘烤 16–19
分鐘，至牙籤刺入中心取出不會沾黏，以及用指尖輕壓表面會產生
反彈即可。

將馬芬烤盤置於鐵網上冷卻約 10 分鐘。脫模，放在鐵網上完全冷
卻。

放入密封盒可於室溫保存 2 天、冷藏至多 1 週。用保鮮膜密封，可
冷凍 3 個月。若是冷凍，微波加熱 30 秒即可解凍。

準備時間：25分鐘
烘焙時間：30分鐘
總時間：55分鐘
份量：12份

....

1杯（120g）生腰果

麵團

1杯無糖杏仁奶，微溫
6湯匙（75g）精製椰子油，融
　化冷卻
1湯匙蘋果酒醋
1茶匙純香草精
3¼杯（312g）去皮杏仁粉
1杯（128g）葛粉（見秘訣）
1茶匙椰糖
4茶匙泡打粉
½茶匙肉桂粉
½茶匙猶太鹽
¼杯（20g）洋車前子粉

糖衣

2/3杯（96g）椰糖
2湯匙肉桂粉
½杯印度酥油/純素奶油，融化

糖霜

½杯罐裝全脂椰奶
¼杯（85g）純楓糖漿
1湯匙新鮮檸檬汁
½茶匙蘋果酒醋
¼茶匙香草莢粉
少許鹽

猴子麵包
原始人、無穀類、純素、無麩質、無乳製品

具有黏性的手撕猴子麵包是我兒時的常備食物，但自從遵循無麩質飲食後就再也不吃了。傳統的猴子麵包是用酵母麵團或罐裝餅乾製作。我的版本使用杏仁粉和葛粉，快速製成柔軟又有嚼勁的非酵母麵團球，接著浸入融化的印度酥油／純素奶油，裹上肉桂和椰糖。烤至表面酥脆，搭配腰果製成的香濃「奶油起司」風格糖霜。這款猴子麵包很適合一群飢腸轆轆的早午餐食客。溫熱時最好吃，可輕易用烤箱或微波爐加熱。

開始前，先浸泡腰果供糖霜使用。將腰果放入大碗，加水蓋過約3–5公分。我偏好用過濾水，但自來水也可以。於室溫浸泡至少4小時，若時間更久，可放入冰箱至多12小時。若無法長時間浸泡，將滾水注入腰果，靜置1小時。如此能加速流程，但口感會不如長時間浸泡般綿密。使用前將腰果瀝乾洗淨。

烤箱預熱至190°C。將8吋／9吋圓環蛋糕模／8吋方形烤盤／類似尺寸烤盤刷上椰子油。

製作麵團：將杏仁奶、椰子油、蘋果酒醋和香草精倒入攪拌盆混合。

另取一個攪拌盆，將杏仁粉、葛粉、椰糖、泡打粉、肉桂粉和鹽混合。

將洋車前子粉加入濕性食材（這個步驟不要提前做，否則會變太濃稠），攪拌均勻後，立即將混合物倒入乾性食材。用刮刀或木湯匙攪拌成鬆軟的麵團，呈現蓬鬆、偏軟的狀態，但仍然可以輕易操作。麵團不應該太黏，否則可額外添加1–2湯匙葛粉。

製作糖衣：於小碗中充分混合椰糖和肉桂粉。另取一個小碗盛裝融化的純素奶油。

取 2 茶匙大小的麵團，揉成球狀。裹上融化奶油，接著放入肉桂糖。重複將麵團滾圓、裹上糖衣，放入模具內堆疊排列，至麵團用完為止。

烘烤約 30–40 分鐘，至表面酥脆、用牙籤測試不沾黏即可。烘烤 30 分鐘後即可開始確認。

讓猴子麵包冷卻約 20 分鐘，倒扣在盤子上。

製作糖霜：將腰果瀝乾洗淨，和其餘糖霜原料一同倒入高速攪拌機或裝有金屬刀片的食物調理機。以中速攪拌約 2–4 分鐘，至糖霜呈滑順綿密狀。保存時，將糖霜放入拴緊的密封罐冷藏。

將糖霜淋在溫熱的猴子麵包上或當作沾醬。

猴子麵包製作當天趁熱食用最美味。將剩餘的部分放入密封盒，可於室溫保存 2 天。加熱時，放入烤箱烘烤約 10 分鐘或微波 30 秒–1 分鐘。

秘訣

亦可使用木薯粉，但葛粉的口感比較好。

腰果餅乾格蘭諾拉麥片

純素、無麩質、無乳製品

我做過很多種格蘭諾拉麥片，因為它是我的零食首選，而這款食譜是所有版本中我最喜歡的口味之一。我很少會重複做相同口味，因為有很多選項可以實驗。但是這款麥片吃起來不出所料，類似腰果餅乾，帶有適切的甜味、溫暖的香草味、些微鹹味和柔軟酥脆的口感。食材很簡單，沒有各種堅果、種籽、果乾和巧克力等裝飾，因為不需要。本身單純的風味就很出色。然而，若想要來點花樣，待麥片冷卻後，可以加入藍莓乾、冷凍乾燥草莓 / 覆盆子，甚至是巧克力豆。

烤箱預熱至 150°C。將大型烤盤（約 30x40 公分）鋪上烘焙紙，若紙不夠大可用兩張。

將燕麥片和腰果倒入大碗混合。準備較小的碗 /500 毫升量杯，將腰果醬、楓糖漿、椰子油、香草、香草莢粉和鹽充分攪拌。將濕性食材倒入乾性食材，攪拌至乾性食材被完全包覆。

將混合物刮入備用烤盤，均勻抹平，用手或是刮刀加壓，使表面盡可能保持平整。烘烤約 50 分鐘至麥片稍微上色，中途將烤盤轉向確保受熱均勻。

讓麥片在烤盤上完全冷卻，過程中不要翻動，否則整體會無法成型。當完全冷卻後，將麥片分成合適的大小。放入密封罐可於室溫保存 1 個月，如果到時候還有剩的話！

準備時間：10分鐘
烘焙時間：50分鐘
總時間：1小時
份量：約5杯

2杯（192g）無麩質燕麥片
1杯（120g）略切生腰果
½杯（128g）腰果醬
¼杯（85g）純楓糖漿
¼杯（50g）精製椰子油，融化
½茶匙純香草精
¼茶匙香草莢粉
½茶匙猶太鹽

準備時間：10分鐘
烘焙時間：1小時
總時間：1小時10分鐘
份量：10根

....

1½杯（144g）無麩質即食燕麥
　片
1½杯（42g）酥脆糙米穀片
½杯（56g）烘烤杏仁片
⅓杯（67g）精製椰子油
⅓杯（113g）純楓糖漿
⅓杯（85g）滑順杏仁醬
½茶匙純香草精
¼茶匙猶太鹽
½杯冷凍乾燥覆盆子，稍微壓碎
57g苦甜巧克力（非必要，但建
　議使用）

覆盆子杏仁醬燕麥棒

純素、免烤、無麩質、無乳製品

記得西式午餐盒裡總是出現的耐嚼燕麥棒嗎？這些覆盆子燕麥棒總是
讓我聯想到它——輕盈、有嚼勁的口感由杏仁醬完整包覆，表面再淋
上巧克力。不過這個版本將風味升級，雖然經典的巧克力豆很好，但
我認為杏仁醬和冷凍乾燥覆盆子的組合更美味。酥脆的莓果帶來微酸
味，搭配濃郁的杏仁醬，並淋上巧克力堪稱完美。這款燕麥棒也很適
合放入午餐盒，但瞭解使用的原料會更讓人放心！

將 8 吋方形烤盤鋪上烘焙紙。

於大碗中混合燕麥片、糙米穀片和杏仁。

將椰子油和楓糖漿倒入小湯鍋，持續攪拌，以中小火加熱至冒泡。
煮滾 1 分多鐘後，將鍋子離火。加入杏仁醬、香草和鹽，攪拌至滑
順。

將熱的混合物倒入裝有燕麥的碗，攪拌至完全混合。拌入冷凍乾燥
覆盆子。

將混合物刮入烤盤，均勻抹平。冷藏約 1 小時。定型後，用鋒利的
刀切成 10 根燕麥棒。

若使用巧克力，將其切成大塊，放入可微波容器加熱約 30 秒，攪
拌成滑順液體。若需要可再加熱 30 秒。將融化巧克力裝入擠花
袋／截角的夾鏈袋。淋在燕麥棒上，冷藏 15 分鐘至成型。

將燕麥棒用保鮮膜包緊或放入密封罐，可冷藏保存 2 週（但最佳賞
味期是前 4 天）。

檸檬藍莓早餐旦糕
原始人、無穀類、純素、無麩質、無乳製品

這款簡單的早餐旦糕帶點嚼勁與蛋糕感，容易製作又好吃。檸檬和藍莓的夏日清爽風味，帶來豐富香氣與獨特口感，令人難以克制。我喜歡當作早午餐搭配咖啡／茶食用，但它也可以是美味甜點。別忘了表面的檸檬糖霜，能帶來美麗的色澤。若沒有當季新鮮藍莓，亦可用冷凍替代。使用前記得解凍瀝乾，避免加入過多水分。

製作蛋糕：烤箱預熱至 175°C。將 8 吋方形烤盤鋪上烘焙紙，刷上椰子油。

將腰果醬、椰子油、椰糖、亞麻籽素蛋、香草、檸檬汁和皮屑倒入碗中，攪拌至滑順。拌入椰子粉、小蘇打粉和鹽。加入藍莓。

將麵糊均勻鋪在備用烤盤，烘烤約 22–24 分鐘，至牙籤測試不沾黏即可。置於鐵網上完全冷卻。

製作糖霜：將椰子醬、椰子油和純楓糖漿加入可微波容器，加熱 30 秒。攪拌並確認奶油融化。若需要可多加熱 30 秒，再次攪拌。質地可能會很濃稠，別擔心，檸檬汁會將它稀釋！（亦可使用小湯鍋以小火加熱。）將檸檬汁緩慢地拌入糖霜，達到偏好的濃稠度。

將蛋糕從烤盤移至鐵網或盤子上，表面抹上糖霜。冷藏 1 小時，使糖霜定型，接著用鋒利的刀子切塊。

將蛋糕放入密封盒，可冷藏保存 1 週、冷凍 3 個月。

準備時間：15分鐘
烘焙時間：22分鐘
等待時間：1小時
總時間：1小時37分鐘
份量：8–10份

蛋糕
½杯（128g）腰果/杏仁醬
¼杯（50g）精製椰子油，融化
¾杯（108g）椰糖
1份亞麻籽素蛋（見秘訣）或1大顆蛋
1顆檸檬皮屑
2湯匙新鮮檸檬汁
1茶匙純香草精
½杯（64g）椰子粉
½茶匙小蘇打粉
½茶匙猶太鹽
⅔杯（約100g）新鮮藍莓

糖霜
¼杯（64g）椰子醬
1湯匙精製椰子油
1湯匙純楓糖漿/蜂蜜
¼杯新鮮檸檬汁

秘訣

製作亞麻籽素蛋：將1湯匙亞麻籽粉和2½湯匙水混合。攪拌均勻，於室溫靜置約10分鐘，至形成膠狀。

準備時間：15分鐘
烘焙時間：2分鐘
等待時間：1小時
總時間：1小時17分鐘
份量：10根

··

1¼杯（178g）切碎無鹽烤花生
1¼杯（75g）切碎椰子片
²⁄₃杯（172g）滑順花生醬
¼杯（84g）純楓糖漿
2湯匙初榨椰子油
2湯匙烤椰子醬（265頁）
1茶匙純香草精
½茶匙猶太鹽

糖霜（非必要）
2湯匙烤椰子醬（265頁）
1湯匙滑順花生醬

椰子花生醬無穀能量棒

無穀類、純素、免烤、無麩質、無乳製品

這款無穀能量棒由花生、花生醬、椰子、椰子油和椰子醬製成，富含健康脂肪，使人一整天充滿能量。傳統能量棒通常以燕麥為基底，而無穀類版本很適合用碎花生和椰子片替代。這款食譜也很容易符合原始人飲食，只要將花生和花生醬改成個人喜歡的原始人飲食堅果──杏仁和杏仁醬會是很好的選擇。

··

將 8 吋方形烤盤鋪上烘焙紙，稍微刷上椰子油。

於大碗中混合花生和椰子片。

將花生醬、楓糖漿和椰子油倒入小湯鍋，以中火煮至沸騰。快速煨煮 2 分鐘後離火，加入椰子醬、香草和鹽。若椰子醬未融化，攪拌至其完全融合。

將上述混合物倒入乾性食材，攪拌至乾性食材被充分包覆。

將黏稠的混合物刮入備用烤盤。用橡皮刮刀壓緊、均勻平鋪在烤盤底部。蓋上保鮮膜，冷藏至少 1 小時，接著用鋒利的刀切成 10 根能量棒。

製作糖霜：若想要淋上糖霜，將烤椰子醬放入可微波容器，加熱 30 秒，攪拌至滑順，拌入花生醬。將混合物裝入擠花袋／截角的小夾鏈袋，淋在能量棒上，冷藏 10 分鐘至成型。

將能量棒單獨包好或放入密封盒，可冷藏保存 2 週、冷凍 3 個月。避免將成品置於室溫超過 1 小時，否則會軟化。

準備時間：20分鐘
等待時間：1小時
烘焙時間：30分鐘
總時間：1小時50分鐘
份量：18個迷你司康/8個大司康

萬用貝果鹽

1湯匙罌粟籽（poppy seeds）
1湯匙白芝麻
1湯匙黑芝麻
1湯匙乾燥蒜末
1湯匙乾燥洋蔥末
2茶匙海鹽

司康

2¼杯（216g）去皮杏仁粉
¾杯（96g）葛粉，另備手粉用
1湯匙營養酵母
½茶匙海鹽
½杯（100g）精製椰子油，固態
½杯罐裝全脂椰奶，另備刷在司康表面
1份亞麻籽素蛋（見秘訣）

秘訣

製作亞麻籽素蛋：將1湯匙亞麻籽粉和2½湯匙水混合。靜置10分鐘至形成膠狀。

萬用貝果鹽司康

原始人、無穀類、純素、無麩質、無乳製品

自從缺德舅超市推出了萬用貝果鹽（Everything but the Bagel Seasoning），我便看到它被用在各種料理。我對此沒有感到生氣，因為這款風味組合凌駕於美味之上。我用這款萬用貝果鹽司康加入戰局，其美味來自於調味料和營養酵母（增添起司般的鮮味），帶有鬆軟口感與酥脆邊緣。迷你司康很適合抹上純素奶油、印度酥油或非乳製奶油乳酪，亦可做成較大的版本，當作吐司食用！若不想自製萬用貝果鹽，可以從超市購買。

製作萬用貝果鹽：將所有原料混合，裝入小型附蓋玻璃罐。製作6湯匙的量已足夠本食譜使用，但調味料可以保存，亦可用在其他地方。

製作司康：將2湯匙貝果鹽、杏仁粉、葛粉、營養酵母和鹽倒入裝有金屬刀片的食物調理機/大型攪拌盆，用瞬轉或手動攪拌混合。加入椰子油，用瞬轉、奶油切刀或叉子將其拌入乾性食材，至少量椰子油殘留。

將椰奶和亞麻籽素蛋倒入小型攪拌盆拌勻。加到乾性食材中，用瞬轉或手動攪拌至完全混合。

將烤盤鋪上烘焙紙、撒上葛粉。將麵團放到紙上、撒上更多葛粉，壓成18–20公分的方形，厚度約2公分。若想做8個大司康，將麵團塑形成直徑20公分的圓形，厚度約2.5公分。冷藏至冷卻，約1小時。

烘烤前，將烤箱預熱至190°C。將方形麵團切成9個約6公分的方塊，每個方塊再斜切，得到18個迷你司康。若要製作大司康，將圓形麵團分成4份，每份再對切，形成8個三角形。將烤盤上的司康分開，避免彼此接觸。

將每個司康刷上椰奶、撒上萬用貝果鹽。烘烤約 20–30 分鐘，至
外觀呈金黃色，依司康大小而定。

趁熱食用。放入密封盒，可冷藏保存 1 週。

第二章

蛋糕
杯子蛋糕
起司蛋糕

成功的秘訣：

製作本章節的烤蛋糕和杯子蛋糕，務必要確認蛋和植物奶等所有原料都是常溫或微溫，否則融化的椰子油會凝固，影響到麵糊。

烘烤時間會受到不同因素影響，許多時候是烤箱溫度不準確，所以請用牙籤測試確保不會沾黏，並且用指尖輕壓蛋糕／杯子蛋糕／麵包會回彈。若輕壓後沒有回彈，讓蛋糕多烤幾分鐘。使用烤箱溫度計甚至更好，能確保烘烤溫度無誤。

本章節有許多食譜（像是起司蛋糕和糖霜）需要浸泡腰果，請確保在至少 4 小時前開始浸泡。若時間不夠，用滾水浸泡腰果 1 小時，可加速流程。

烘烤蛋糕和杯子蛋糕時，請確保烤箱門全程關上。提早打開烤箱會因熱氣過度流失，導致蛋糕體中央塌陷。

準備時間：30分鐘
烘焙時間：18分鐘
總時間：48分鐘（外加浸泡腰果）
份量：12個

1½ 杯（180g）生腰果

杯子蛋糕
1杯＋2湯匙（108g）去皮杏仁粉
⅓杯（38g）木薯粉
½茶匙小蘇打粉
½茶匙泡打粉
¾茶匙猶太鹽
¾杯（108g）椰糖
½杯（42g）無糖生可可粉
¼杯無糖蘋果醬
⅓杯植物奶，如無糖杏仁奶
2大顆蛋，常溫
¼杯（50g）精製椰子油，融化
1茶匙純香草精

鹹腰果糖霜
⅓杯罐裝全脂椰奶
¼杯精製椰子油，融化
¼杯純楓糖漿
¼杯滑順烤腰果醬（見祕訣）
½茶匙純香草精
¼茶匙海鹽

待續

巧克力杯子蛋糕佐鹹腰果糖霜
原始人、無穀類、無麩質、無乳製品

一本料理書不能沒有經典食譜，而巧克力杯子蛋糕似乎再經典不過了。這款蛋糕輕盈鬆軟，充滿巧克力風味。搭配浸泡腰果和烤腰果醬製成的綿密鹹腰果糖霜堪稱完美。我喜歡將免煮焦糖淋在糖霜上、撒一點海鹽，讓它更罪惡；或是簡單撒上巧克力米，便很適合生日派對！

開始前，先浸泡腰果供糖霜使用。將腰果放入大碗，加水蓋過約3–5公分。我偏好用過濾水，但自來水也可以。於室溫浸泡至少4小時，若時間更久，可放入冰箱至多12小時。若無法長時間浸泡，將滾水注入腰果，靜置1小時。如此能加速流程，但口感會不如長時間浸泡般綿密。使用前將腰果瀝乾洗淨。

製作杯子蛋糕：烤箱預熱至175°C。將紙模放入兩個6格／一個12格馬芬烤盤。

將杏仁粉、木薯粉、小蘇打粉、泡打粉、鹽、椰糖和生可可粉倒入大型攪拌盆混合。

另取一個攪拌盆，倒入蘋果醬、杏仁奶、蛋、椰子油和香草精，攪拌至滑順。

將濕性食材倒入乾性食材，攪拌均勻。

將麵糊舀入紙模，裝至約三分之二滿。烘烤約18分鐘，至牙籤測試不會沾黏、指尖輕壓表面產生回彈即可。將烤盤放在鐵網上，等完全冷卻後再脫模。

裝飾
免煮焦糖醬（277頁）
海鹽片

秘訣

糖霜的腰果醬可用任何自選堅果
醬替代。花生醬會很適合！

製作糖霜： 將腰果瀝乾洗淨，和其餘糖霜原料一同倒入高速攪拌機（例如 Vitamix）或裝有金屬刀片的食物調理機，攪拌至滑順，約 3–5 分鐘。使用調理機的攪拌棒刮下容器邊緣食材，確保糖霜均勻混合。

若想要一層薄的糖霜，即可將這個階段的糖霜抹在杯子蛋糕上。

若偏好擠花的方式，將糖霜倒入金屬碗，冷藏至少 1 小時，至達到可以擠花的濃稠度。若想要讓糖霜更蓬鬆，將其倒入直立式攪拌機搭配球狀攪拌器（或使用手持攪拌機），攪拌約 30 秒。將濃稠 / 蓬鬆的糖霜裝入附有星形花嘴的擠花袋 / 截角的夾鏈袋，將糖霜擠在杯子蛋糕上。

完成糖霜後，若喜歡可以淋上焦糖醬並撒上海鹽片。

將杯子蛋糕放入密封盒，可冷藏保存 5 天。

珊娜的生日蛋糕

原始人、無穀類、無麩質、無乳製品

在姊姊的 28 歲生日前，她打電話給我預約了一個生日蛋糕。由於不吃麩質和精製糖，她已經很多年沒吃到生日蛋糕。她指名要更健康的五彩蛋糕（Funfetti cake），搭配兒時最愛的鮮奶油和草莓，只是要做得更健康。當天，我把做好的蛋糕帶到慶祝的餐廳……當我走入餐廳，服務生對於攜帶自製蛋糕到店裡感到不悅。他們將蛋糕放入冰箱，告訴我們店內不能攜帶外食，即便他們的菜單上沒有任何姊姊能吃的甜點。用餐結束後，店員將蛋糕交還給我們帶回家，就在此刻，爸爸從口袋掏出許多預備好的叉子。我們直接將它挖來吃，沒有切片或裝盤，讓一旁側視的服務生相當不悅。用如此非法的行為吃蛋糕，讓它更令人享受。我在這裡重新製作這款蛋糕，它是書中我最愛的食譜之一：柔軟、帶有甜美香草風味的蛋糕，搭配椰漿和新鮮草莓當作夾層。清爽、美麗，很適合夏天。

烤箱預熱至 175°C。將兩個 8 吋／三個 6 吋的圓形蛋糕模鋪上烘焙紙、刷上椰子油。

製作蛋糕：將杏仁粉、木薯粉、小蘇打、泡打粉、鹽、椰糖和香草莢粉倒入大型攪拌盆混合（若使用香草精，請加入濕性食材）。

另取一個攪拌盆，混合蘋果醬、醋、植物奶、融化椰子油和蛋（若使用香草精，請加在這裡）。將濕性食材倒入乾性食材，攪拌均勻。

將麵糊均分至蛋糕模，烘烤 25–30 分鐘，依模具大小而定，至牙籤測試不會沾黏、輕壓表面產生回彈即可。經過 20–21 分鐘後，可開始檢查 6 吋的蛋糕模；經過 25–26 分鐘後，可檢查 8 吋的蛋糕模。將模具放在鐵網上，等完全冷卻後再脫模。

待續

準備時間：45分鐘
烘焙時間：30分鐘
總時間：1小時15分鐘
份量：約10片

蛋糕

3杯（288g）去皮杏仁粉

1/3杯（76g）木薯粉

1茶匙小蘇打粉

1茶匙泡打粉

1茶匙猶太鹽

1⅓杯（192g）椰糖

¾茶匙香草莢粉/2茶匙純香草精

⅔杯（162g）無糖蘋果醬

1湯匙蘋果酒醋

½杯植物奶，如無糖杏仁奶，微溫

6湯匙（75g）精製椰子油，融化冷卻

4大顆蛋，常溫

內餡

3罐（382g）全脂椰漿，冷藏隔夜

2湯匙純楓糖漿

¼茶匙香草莢粉/1茶匙純香草精

約2杯新鮮草莓片（約350g，用量依蛋糕層數而定）

製作內餡：將椰漿罐頭的水份瀝乾後，倒入攪拌盆或桌上型攪拌機。打發至光滑鬆軟，接著加入楓糖漿和香草莢粉，充分混合。

組裝蛋糕：若有任何蛋糕表面隆起，將頂部修整至平坦。將內餡和草莓均分成 2–3 份，依蛋糕層數而定。取一片冷卻的蛋糕，修整面朝上、置於蛋糕架上（或任何盛盤的食器）。抹上 1 份內餡、鋪上 1 份新鮮草莓片。

放上第二層蛋糕，重複組裝內餡和草莓的步驟。若有第三層，將蛋糕放在頂部，抹上剩餘的內餡（現在是糖霜），用最後的草莓片點綴。

立即食用或蓋上，可冷藏保存 5 天。

祕訣

若想讓蛋糕更有五彩風格，將 ¼ 杯自然色巧克力米拌入麵糊！

準備時間：30分鐘
等待時間：4小時
總時間：4.5小時（外加浸泡腰果）
份量：10片

．．．．．．．．．．．．．．．．．．．．．．．．．．．

2杯（240g）生腰果

底座

½杯（60g）生腰果

½杯（48g）去皮杏仁粉

2顆帝王椰棗（Medjool dates），
　去籽

2湯匙（25g）精製椰子油

¼茶匙猶太鹽

起司蛋糕內餡

½杯罐裝全脂椰奶，搖勻

⅓杯純楓糖漿

3湯匙生可可脂，融化

1湯匙新鮮檸檬汁

1湯匙純香草精或½茶匙香草莢粉

½茶匙蘋果酒醋

½杯冷凍乾燥覆盆子

覆盆子層

1杯新鮮/冷凍覆盆子（見秘訣）

1湯匙新鮮檸檬汁

2茶匙奇亞籽

白巧克力覆盆子起司旦糕

原始人、無穀類、純素、免烤、無麩質、無乳製品

最初戒斷乳製品時，我對於失去白巧克力感到心痛。我從來沒看過或聽過無乳製品的白巧克力，好似少了牛奶就不可能製造它。然而，我發現白巧克力的風味可以用生可可脂和香草替代！這款白巧克力覆盆子起司旦糕從我的生可可脂實驗中誕生，也是我的最愛之一。其濃郁的口感來自可可脂，香甜的酸味則是覆盆子的功勞。你甚至可以用香草莢粉取代香草精，添加美麗的香草莢碎片，讓人更難抗拒。

．．．．．．．．．．．．．．．．．．．．．．．．．．．．．．．．．．．．．．

開始前，先浸泡腰果供內餡使用。將腰果放入大碗，加水蓋過約3–5公分。我偏好用過濾水，但自來水也可以。於室溫浸泡至少4小時，若時間更久，可放入冰箱至多12小時。若無法長時間浸泡，將滾水注入腰果，靜置1小時。如此能加速流程，但口感會不如長時間浸泡般綿密。使用前將腰果瀝乾洗淨。

製作底座：將6吋扣環蛋糕模/8吋方形烤盤刷上椰子油、底部鋪上烘焙紙以便脫模。亦可用條狀烘焙紙鋪在6吋蛋糕模內，做成提把以便脫模。將烘焙紙和模具稍微刷上椰子油。

將½杯腰果、杏仁粉、椰棗、椰子油和鹽倒入高速攪拌機（我使用Vitamix）或裝有金屬刀片的食物理機混合。當原料融合、形成黏稠的麵團即可停止。避免過度操作，否則會變成堅果醬！將麵團放入備用模具，壓成平整的底座。

待續

秘訣

若使用冷凍莓果，請先解凍再加
入覆盆子層的原料。

製作起司旦糕內餡：將腰果瀝乾洗淨，倒入相同的調理機 / 攪拌機
（免清洗），加入椰奶、楓糖漿、可可脂、檸檬汁、香草和醋。攪
拌 2–3 分鐘，至麵糊變得絲滑綿密。必要時，將容器邊緣的食材
往下刮。

將三分之二的內餡倒入底座，保留剩餘的部分。抹平表面，將烤盤
用力敲幾下，使氣泡釋出。放入冷凍庫定型，並接續完成其餘步
驟。

將冷凍乾燥覆盆子加入預留的內餡，攪拌混合。將此混合物倒在香
草內餡層上，再放回冷凍庫。

製作覆盆子層：將食物調理機 / 攪拌機洗淨，加入新鮮或冷凍覆盆
子、檸檬汁和奇亞籽。攪拌成覆盆子泥，倒在模具最上層。冷凍至
完全定型，約 4 小時。

食用前，讓起司蛋糕在室溫下解凍 10–15 分鐘後再切片。我建議
先用熱水將刀沖過、擦乾，再用熱的刀切片。緊密包好，冷凍可保
存 2 個月。亦可放入冷藏至多 5 天。

香草杯子蛋糕佐香蕉糖霜

原始人、無穀類、無麩質、無乳製品

這款香草杯子蛋糕是我最喜愛的香草版本。儘管是「香草」口味，卻完全不無聊。我用香草莢粉帶出極致的香草風味，因此蛋糕裡也會有碎小的香草莢碎屑。這款香草杯子蛋糕加入椰糖調味，因此顏色不如習慣的那般淡白，但椰糖帶來的濃郁焦糖風味，讓人更難抗拒。我用冷凍乾燥香蕉製成的腰果糖霜搭配，但可以用任何自選冷凍乾燥莓果代替，創造獨特風味！

開始前，先浸泡腰果供糖霜使用。將腰果放入大碗，加水蓋過約3–5 公分。我偏好用過濾水，但自來水也可以。於室溫浸泡至少4 小時，若時間更久，可放入冰箱至多 12 小時。若無法長時間浸泡，將滾水注入腰果，靜置 1 小時。如此能加速流程，但口感會不如長時間浸泡般綿密。使用前將腰果瀝乾洗淨。

烤箱預熱至 175°C。將 11 個紙模放入 12 格馬芬烤盤。

製作杯子蛋糕：將杏仁粉、木薯粉、小蘇打、泡打粉、鹽、椰糖和香草莢粉倒入大型攪拌盆混合（若使用香草精，請加入濕性食材）。

另取一個碗，混合香蕉泥、醋、植物奶、蛋、融化椰子油和香草精（若使用）。將濕性食材倒入乾性食材，攪拌均勻。

用湯匙 / 大型餅乾挖勺將麵糊舀入紙模，裝至約三分之二滿。烘烤16–18 分鐘，至牙籤測試不會沾黏、輕壓表面產生回彈即可。將烤盤放在鐵網上完全冷卻。

準備時間：10分鐘
烘焙時間：16分鐘
總時間：26分鐘（外加浸泡腰果）
份量：11個

1½杯（180g）生腰果

杯子蛋糕
1½杯（144g）去皮杏仁粉
1/3杯（38g）木薯粉
½茶匙小蘇打粉
½茶匙泡打粉
½茶匙猶太鹽
2/3杯（96g）椰糖
¾茶匙香草莢粉/2茶匙純香草精
1/3杯熟香蕉泥（見秘訣）
½茶匙蘋果酒醋
¼杯植物奶，如無糖杏仁奶，微溫
2大顆蛋，常溫
3湯匙（38g）精製椰子油，融化冷卻

糖霜
¼杯罐裝椰漿
¼杯精製椰子油，融化
¼杯純楓糖漿
1湯匙新鮮檸檬汁
½茶匙香草精
½杯冷凍乾燥香蕉
½茶匙肉桂粉
少許鹽（非必要）

待續

製作糖霜：將腰果瀝乾、用冷水洗淨，倒入高速攪拌機（我用 Vitamix）或裝有金屬刀片的食物調理機，攪拌至滑順綿密。加入鹽以外的糖霜原料，攪拌約 3–5 分鐘，直到盡可能滑順綿密。試吃，若需要再加點鹽。

若只是想將糖霜抹在杯子蛋糕上，此時即可操作。若偏好擠花的方式，將糖霜倒入碗中，冷藏約 1 小時，每 20 分鐘攪拌一次，至達到可以擠花的濃稠度。將糖霜裝入擠花袋／截角的夾鏈袋，擠在冷卻的杯子蛋糕上。

完成糖霜後，若想要，可以撒上肉桂粉或淋上焦糖醬。

將杯子蛋糕密封，可冷藏保存 3 天；沒有糖霜的杯子蛋糕可冷凍 2 個月。

額外裝飾
肉桂粉
鹹焦糖醬（270頁）

秘訣

可以用蘋果醬取代香蕉，
讓風味更中和。

準備時間：15分鐘
等待時間：30分鐘
總時間：45分鐘
份量：8片

旦糕

2杯（192g）去皮杏仁粉

1/3杯（43g）椰子粉

1/4杯（32g）葛粉

2/3杯（96g）椰糖

1/2杯（42g）生可可粉

1 1/2茶匙泡打粉

1茶匙小蘇打粉

1茶匙即溶濃縮咖啡粉

1茶匙猶太鹽

28g無糖巧克力，切碎

1杯無糖杏仁奶，微溫

1/4杯（50g）橄欖油

1/4杯（85g）純楓糖漿

2份亞麻籽素蛋（見秘訣）

1茶匙純香草精

甘納許

140g苦甜巧克力，切碎/豆狀
（約3/4杯）

1/2杯罐裝全脂椰奶

秘訣

製作2份亞麻籽素蛋：將2湯匙
亞麻籽粉和5湯匙水混合。
靜置約10分鐘，至形成膠狀。

純素巧克力旦糕佐濃可可甘納許

原始人、無穀類、純素、無麩質、無乳製品

噢，巧克力蛋糕！人生最美好的享受之一，也是我在這個星球上永遠最愛吃的東西。開始籌備這本書的那刻起，巧克力蛋糕就在我的清單裡了。但我想讓這款食譜同時符合原始人和純素飲食，還要無敵美味。我測試了無數次，有幾度幾乎要放棄，最後終於成功做出濕潤、罪惡、香濃的巧克力旦糕，搭配濃郁滑順的甘納許。爸爸將這款旦糕比作他兒時最愛的恩騰曼蛋糕（Entenmann's，美國烘焙品牌），但這個版本絕對更健康。這款旦糕吃過的人都讚不絕口，我希望你和我們一樣愛它！

烤箱預熱至175°C。將8–9吋的圓環蛋糕模刷上椰子油。

製作旦糕： 將杏仁粉、椰子粉、葛粉、椰糖、可可粉、小蘇打粉、泡打粉、咖啡粉和鹽倒入大型攪拌盆混合。

將切碎巧克力（28g）放入可微波容器，加熱約20秒至軟化，攪拌成液態。另取一個碗，混合融化巧克力、杏仁奶、橄欖油、楓糖漿、亞麻籽素蛋和香草精。

將濕性食材倒入乾性食材，攪拌均勻。將麵糊刮入備用模具，用橡皮刮刀／湯匙將表面抹平。

烘烤30–40分鐘，至牙籤測試不會沾黏、輕壓表面產生回彈即可。

讓旦糕在模具中冷卻約30分鐘後再脫模，或是放在墊有烤盤的鐵網上，以便盛接甘納許。

製作甘納許：將巧克力和椰奶倒入可微波容器，加熱 1 分鐘、靜置 1 分鐘，接著攪拌至滑順。若尚未完全融化，多加熱 20 秒並再次攪拌。將甘納許淋在冷卻的旦糕上，用刀子輔助，使頂部完全覆蓋，並由側邊自然流下。

放入圓頂蛋糕架／密封容器，可於室溫保存 3 天、冷藏 1 週。

準備時間：20分鐘

烘焙時間：22分鐘

總時間：42分鐘（外加浸泡腰果）

份量：16塊

. . . .

1杯（120g）生腰果

旦糕

½杯（128g）滑順腰果/杏仁醬

½杯（72g）椰糖

¼杯（50g）精製椰子油，融化

¼杯（61g）無糖蘋果醬

1茶匙純香草精

¾杯（72g）去皮杏仁粉

¼杯（32g）椰子粉

¾茶匙泡打粉

1茶匙肉桂粉

¼茶匙猶太鹽

¾杯新鮮胡蘿蔔絲（見秘訣，2–3
　根中型胡蘿蔔）

½杯烤核桃，略切

「奶油乳酪」糖霜

¼杯罐裝全脂椰奶

3湯匙純楓糖漿

1茶匙新鮮檸檬汁

¾茶匙蘋果酒醋

¼茶匙香草莢粉/1茶匙純香草精

⅛茶匙猶太鹽

核桃胡蘿蔔旦糕佐「奶油乳酪」糖霜

原始人、無穀類、純素、無麩質、無乳製品

這款核桃胡蘿蔔旦糕稍微紮實、帶點嚼勁，配上溫暖的肉桂跟酥脆的核桃。它屬於點心類旦糕，不是很華麗，適合早午餐食用或放入午餐盒。我熱愛腰果醬的濃郁奶油味，因此用它當作基底，但杏仁醬或甚至胡桃醬也很適合用在這裡。糖霜則是將檸檬汁和蘋果酒醋完美搭配，創造出仿真的奶油乳酪風味。

─────────────────────────

開始前，先浸泡腰果供糖霜使用。將腰果放入大碗，加水蓋過約3–5公分。我偏好用過濾水，但自來水也可以。於室溫浸泡至少4小時，若時間更久，可放入冰箱至多12小時。若無法長時間浸泡，將滾水注入腰果，靜置1小時。如此能加速流程，但口感會不如長時間浸泡般綿密。使用前將腰果瀝乾洗淨。

烤箱預熱至175°C。將8吋方形烤盤鋪上烘焙紙、刷上椰子油。

製作旦糕：將堅果醬、椰糖、椰子油、蘋果醬和香草精倒入大型攪拌盆，充分混合至滑順。加入杏仁粉、椰子粉、泡打粉、肉桂粉和鹽攪拌。接著拌入胡蘿蔔絲和烤核桃。

將麵糊均勻倒入烤盤。烘烤22–24分鐘，至稍微上色、用牙籤測試不會沾黏即可。將烤盤放在鐵網上完全冷卻後再加上糖霜。

製作糖霜：將腰果瀝乾洗淨。於高速攪拌機或裝有金屬刀片的食物調理機中，加入瀝乾的腰果、椰奶、楓糖漿、檸檬汁、蘋果酒醋、香草和鹽。攪拌約3–5分鐘，必要時將容器邊緣的食材往下刮，直到糖霜完全滑順綿密。試吃，若想要可加一點楓糖漿調整甜度。

將糖霜抹在冷卻的旦糕上，冷藏至少 1 小時後再切片。

冷卻後，將旦糕切成 16 份方塊。放入密封盒可冷藏保存 1 週、冷凍長達 6 個月。

秘訣

為了得到最佳風味，
請用現刨的新鮮胡蘿蔔絲。
不要用超市販售的現成品。

摩卡脆片起司旦糕

原始人、無穀類、純素、免烤、無麩質、無乳製品

我一直是咖啡風味甜點的忠實粉絲。即便是為了健康因素而戒斷咖啡的時候，我也會尋找咖啡味的東西來獲得滿足。小時候，每個人住家隔壁咖啡廳販賣的可可碎片星冰樂是我放學最愛的飲料。這款摩卡脆片起司旦糕是我用這些風味重新創造的作品。用堅固、類似巧克力餅乾的底座，配上綿密、參雜巧克力豆的摩卡內餡。整體再淋上華麗的巧克力甘納許、放上咖啡豆脆片（本身就是甜點）。

開始前，先浸泡腰果供內餡使用。將腰果放入大碗，加水蓋過約 3–5 公分。我偏好用過濾水，但自來水也可以。於室溫浸泡至少 4 小時，若時間更久，可放入冰箱至多 12 小時。若無法長時間浸泡，將滾水注入腰果，靜置 1 小時。如此能加速流程，但口感會不如長時間浸泡般綿密。使用前將腰果瀝乾洗淨。

製作脆片：將烤盤鋪上烘焙紙。將巧克力放入可微波容器，加熱 1 分鐘。攪拌後，再加熱 30 秒（可能還要重複一次）。攪拌至融化成液態。將巧克力倒在烘焙紙上，撒上可可碎粒和咖啡豆。冷藏或冷凍至定型，約 10–20 分鐘。拿起巧克力，折成大塊片狀。準備起司旦糕時，將脆片置於涼爽的室溫或冷藏。

製作底座：將 6 吋扣環蛋糕模鋪上烘焙紙，稍微刷上椰子油。亦可用 8 吋方型烤盤。

將所有底座原料加入攪拌盆，攪拌至麵團成型。均勻地壓入備用模具底部。放入冷藏，接著準備內餡。

準備時間：30分鐘
等待時間：3小時15分鐘
總時間：3小時45分鐘（外加浸泡腰果）
份量：10份

2杯（240g）生腰果

咖啡豆脆片
85g苦甜巧克力，切碎/豆狀（約6湯匙）
1湯匙可可碎粒
1湯匙咖啡豆/濃縮咖啡豆

巧克力底座
1¼杯（120g）去皮杏仁粉
¼杯（24g）生可可粉
3湯匙椰子油，融化
2湯匙純楓糖漿
¼茶匙猶太鹽

起司旦糕內餡
½杯罐裝全脂椰奶
3湯匙生可可脂/精製椰子油，融化
⅓杯純楓糖漿
⅓杯生可可粉
2茶匙即溶濃縮咖啡粉
1茶匙純香草精
½茶匙猶太鹽
56g（約⅓杯）迷你可可豆/可可碎粒

待續

甘納許

85g苦甜巧克力，切碎/豆狀（約
6湯匙）

⅓杯罐裝全脂椰奶

製作內餡：將腰果瀝乾洗淨，甩去多餘水分。於高速攪拌機（我用 Vitamix，但多數強力攪拌機都可以）或裝有金屬刀片的食物調理機，加入瀝乾的腰果、椰奶、可可脂、楓糖漿、可可粉、濃縮咖啡粉、香草和鹽。攪拌約 2–4 分鐘，至內餡滑順綿密。拌入巧克力豆。

將內餡倒入備用烤盤，均勻地抹在底座上。用力敲幾下烤盤，讓氣泡釋出。放入冷凍至少 3 小時／冷藏至少 6 小時直到成型。

食用前，將扣環蛋糕模的兩側打開。起司旦糕會留在底盤上，很容易進行切片。

製作甘納許：將巧克力放入小碗。用湯鍋或微波爐將椰奶加熱至微滾。將椰奶倒入巧克力，靜置 3 分鐘，攪拌至滑順。

將甘納許淋在起司旦糕上，讓它從邊緣自然流下。放上咖啡豆脆片。

起司旦糕可冷藏保存至多 5 天、冷凍 2 個月。若是冷凍，於室溫下解凍約 10–15 分鐘後再食用。

香草圓環蛋糕佐血橙糖霜

無穀類、原始人、無麩質、無乳製品

我相信柑橘類是來自冬天的禮物。在農夫市集裡的所有蔬果中，我走向柑橘類的攤位，它們粉橘色的漸層果肉被切開，展現發光多汁的內在。我總是被血橙的深紅色所吸引，它們看似樸實，切開卻像挖到閃耀的寶石——能吃的種類。血橙讓椰子醬製成的糖霜自然染上美麗的粉紅色澤，很適合搭配有著磅蛋糕厚實口感的香草圓環蛋糕。放上一些乾燥血橙片（見秘訣），便是口味和外觀皆令人驚豔的甜點。

烤箱預熱至 175°C。將 8 吋 /9 吋圓環蛋糕模刷上椰子油，確保中間圓柱也要刷到。

製作蛋糕：將杏仁粉、木薯粉、椰糖、泡打粉、小蘇打粉、鹽和香草莢粉倒入大型攪拌盆混合。

另取一個碗，混合蘋果醬、植物奶、椰子油、蛋和香草精。

將濕性食材倒入乾性食材，攪拌均勻。將麵糊倒入備用模具，用刮刀將表面盡可能抹平。

烘烤 30–35 分鐘，至牙籤測試不會沾黏、指尖輕壓表面產生回彈即可。等蛋糕完全冷卻後再脫模——將模具倒扣在鐵網上，取出蛋糕。將鐵網和蛋糕放在大的烤盤 / 烘焙紙上。

待續

準備時間：15分鐘
等待時間：30分鐘
總時間：45分鐘
份量：約24片

⋯⋯⋯⋯⋯⋯⋯⋯⋯⋯⋯⋯⋯⋯

蛋糕

3杯（288g）去皮杏仁粉

¾杯（85g）木薯粉

⅔杯（96g）椰糖

2茶匙泡打粉

1茶匙小蘇打粉

¾茶匙猶太鹽

¾茶匙香草莢粉

½杯（122g）無糖蘋果醬，常溫

⅔杯植物奶，如無糖杏仁奶，微溫

⅓杯（67g）精製椰子油，融化冷卻

3大顆蛋，常溫

1茶匙純香草精

血橙糖霜

1杯血橙汁

¼杯生蜂蜜

½杯椰子醬

秘訣

製作乾燥血橙片：將一顆血橙用冷水洗淨，切成薄片，我喜歡用切片器（Mandoline）操作。將血橙片鋪在備有烘焙紙的烤盤上，以95°C烘烤 2小時或至烤乾。

製作糖霜：將血橙汁和蜂蜜倒入湯鍋。加熱至沸騰，煮滾約 5 分鐘，至糖霜濃縮一半。加入椰子醬攪拌混合，讓糖霜冷卻、稍微變濃稠。

將糖霜淋在冷卻的蛋糕上。多餘的部分會流到烤盤 / 烘焙紙上。讓蛋糕靜置至少 15 分鐘，使糖霜在食用前能稍微定型。

將蛋糕置於圓頂蛋糕架或用保鮮膜包好，可於室溫保存 2 天，或放入密封盒冷藏保存 1 週。

巧克力花生醬香蕉起司旦糕

無穀類、純素、免烤、無麩質、無乳製品

有什麼東西能讓巧克力花生醬香蕉起司旦糕更好？酥脆的巧克力花生底座將其包覆、巧克力甘納許淋在表面、從側邊流下，用簡單的花生醬脆片裝飾，讓外觀更美。內餡使用新鮮香蕉和浸泡腰果，使口感綿密誘人，僅用少量楓糖調味，因為熟香蕉提供大量甜度。我喜歡看到表面放上花生醬脆片，但完全可以自由選擇！巧克力甘納許本身就很迷人，亦可放上香蕉片和花生額外增添一點魅力。請享用！

開始前，先浸泡腰果供內餡使用。將腰果放入大碗，加水蓋過約3–5公分。我偏好用過濾水，但自來水也可以。於室溫浸泡至少4小時，若時間更久，可放入冰箱至多12小時。若無法長時間浸泡，將滾水注入腰果，靜置1小時。如此能加速流程，但口感會不如長時間浸泡般綿密。使用前將腰果瀝乾洗淨。

將6吋扣環蛋糕模刷上椰子油，或用6吋蛋糕模圍上條狀烘焙紙，以便脫模。亦可用8吋方型烤盤。

製作底座： 將所有原料倒入裝有金屬刀片的食物調理機／高速攪拌機（我用 Vitamix）。攪拌至原料變成黏稠的麵團，殘留少量花生。不要過度操作，否則會變成堅果醬！

將麵團均勻地壓入備用模具底部與邊緣。

準備時間：30分鐘
等待時間：3小時
總時間：3.5小時（外加浸泡腰果）
份量：8片

1½杯（180g）生腰果

底座
¾杯（72g）去皮杏仁粉
½杯（57g）無鹽烤花生
¼杯（24g）生可可粉
2湯匙精製椰子油，融化
2湯匙（32g）滑順花生醬
2湯匙（42g）純楓糖漿
¼茶匙猶太鹽

起司旦糕內餡
2根熟香蕉
¼杯精製椰子油
¼杯生可可粉
3湯匙純楓糖漿
1½茶匙純香草精
½茶匙猶太鹽

甘納許
85g（約6湯匙）苦甜巧克力（我用72%生可可），切塊
½杯罐裝全脂椰奶

脆片（非必要
56g 可可脂
¼杯滑順花生醬
各2湯匙香蕉脆片、花生和巧克力豆

待續

製作內餡：將腰果瀝乾洗淨，倒入相同的調理機／攪拌機（免清洗），加入其他原料，攪拌至內餡變得絲滑綿密，約 2 分鐘。必要時，將容器邊緣的食材往下刮。試吃，依喜好調整風味。可能會需要多一點楓糖漿、香草或可可粉來滿足個人口味。

將內餡倒入備用模具的底座上。將表面抹平，用力敲幾下烤盤，使氣泡釋出。冷凍至少 3 小時或至完全定型，接著再淋上甘納許。

製作甘納許：將巧克力塊放入碗中。用湯鍋將椰奶加熱至微滾，倒入巧克力。亦可將椰奶微波加熱 30 秒。確認椰奶蓋過所有巧克力，靜置 2 分鐘。攪拌至滑順、巧克力融化。將甘納許淋在起司旦糕上。

製作脆片：將烤盤鋪上烘焙紙。將可可脂放入可微波容器，加熱 1 分鐘。攪拌後，再微波 30 秒。攪拌至融化。加入花生醬。將混合物倒在烘焙紙上，撒上最愛的香蕉片、花生和可可豆。冷藏或冷凍至成型，約 10 分鐘。將成品折成片狀，依喜好排列在旦糕上。

立即食用或先放入冷凍。若將起司旦糕冷凍，於室溫下解凍 10–15 分鐘再切片。為了方便切片，可先用熱水將刀沖過、擦乾，再用熱刀切片。將起司旦糕密封，可冷凍保存 3 個月。

蘋果香料多層蛋糕

原始人、無穀類、無麩質、無乳製品

今年的感恩節，不如捨棄蘋果派，用蘋果香料蛋糕當作聚餐的重頭戲吧！這款柔軟、無比溼潤的蛋糕填滿炒蘋果丁，每一口都能嚐到肉桂和肉豆蔻的溫暖香氣。添加肉桂和香草的浸泡腰果糖霜，豐富了蛋糕整體的風味。大方淋上焦糖醬，讓人更難抗拒。若想讓蛋糕更吸睛，可以將小蘋果沾上焦糖醬，放在上頭點綴。下方步驟會詳細介紹傳統雙層蛋糕的做法，但我也喜歡使用三個 6 吋烤盤，製作較小的三層蛋糕，讓成品更驚豔。無論疊幾層，這款蛋糕都會很快被吃掉！

開始前，先浸泡腰果供糖霜使用。將腰果放入大碗，加水蓋過約 3–5 公分。我偏好用過濾水，但自來水也可以。於室溫浸泡至少 4 小時，若時間更久，可放入冰箱至多 12 小時。若無法長時間浸泡，將滾水注入腰果，靜置 1 小時。如此能加速流程，但口感會不如長時間浸泡般綿密。使用前將腰果瀝乾洗淨。

炒蘋果：將椰子油加入小型湯鍋 / 炒鍋，以中火融化。加入蘋果丁、椰糖和肉桂粉。稍微加熱幾分鐘，經常攪拌，至椰糖融化、變成類似焦糖醬將蘋果丁包覆。離火，靜置完全冷卻。

製作蛋糕：烤箱預熱至 175°C。將兩個 8 吋 / 三個 6 吋的圓形蛋糕模鋪上烘焙紙、刷上椰子油。

將杏仁粉、木薯粉、肉桂粉、小蘇打粉、泡打粉、鹽和肉豆蔻倒入大型攪拌盆，混合均勻。

待續

準備時間：45分鐘
烘焙時間：30分鐘
等待時間：1小時
總時間：2小時15分鐘（外加浸泡腰果）
份量：10片

3杯（360g）生腰果

炒蘋果
1茶匙精製椰子油
2顆中型蘋果，去皮、切成0.3公分丁狀
2湯匙椰糖
¼茶匙肉桂粉

蘋果香料蛋糕
3杯（288g）去皮杏仁粉
1/3杯（76g）木薯粉
2¼茶匙肉桂粉
1茶匙小蘇打粉
1茶匙泡打粉
1茶匙猶太鹽
½茶匙肉豆蔻粉
1 1/3杯（192g）椰糖
2/3杯（162g）無糖蘋果醬
½杯植物奶，如無糖杏仁奶，微溫
1/3杯（67g）精製椰子油，融化冷卻
2茶匙純香草精
2茶匙蘋果酒醋
4大顆蛋，常溫

糖霜

½杯罐裝椰漿

½杯精製椰子油，融化

½杯純楓糖漿

2茶匙純香草精

1½茶匙肉桂粉

¼茶匙香草莢粉

裝飾（非必要）

鹹焦糖醬（270頁）

數顆小蘋果

另取一個攪拌盆，混合椰糖、蘋果醬、植物奶、椰子油、香草、醋和蛋。

將濕性食材倒入乾性食材，攪拌均勻。拌入冷卻的炒蘋果。

將麵糊均分至蛋糕模，烘烤 25–30 分鐘，依烤盤尺寸而定，至牙籤測試不會沾黏、輕壓表面產生回彈即可。等蛋糕完全冷卻後再脫模、加上糖霜。

製作糖霜：用高速攪拌機（我用 Vitamix）/ 裝有金屬刀片的食物調理機，將浸泡的腰果攪拌至滑順綿密，使用攪拌棒確保內部運轉。必要時，將容器邊緣的食材往下刮。加入其餘糖霜原料，攪拌約 3–5 分鐘，至完全滑順綿密。

放入冷藏 1 小時，用打蛋器 / 桌上型攪拌機搭配球型攪拌器，攪拌約 30 秒，使質地蓬鬆。

組裝蛋糕：若有任何蛋糕表面隆起，將頂部修整至平坦。取一片冷卻的蛋糕，修整面朝上、置於蛋糕架上（或任何盛盤的食器）。放上 1 份內餡，用曲柄抹刀抹平。

放上第二層蛋糕和更多糖霜。若有第三層，將蛋糕疊在最上方，將剩餘的糖霜均勻抹在表面和蛋糕周圍。

此步驟即可完成，或是用鹹焦糖醬和沾上焦糖醬的小蘋果裝飾。蓋上蓋子，可冷藏保存 5 天。

巧克力燕麥奶酥旦糕

純素、無麩質、無乳製品

這款奶酥蛋糕讓我想起高中時經常做的蛋糕——那時候當然不是無麩質和純素取向。我一直是燕麥巧克力豆餅乾的忠實粉絲，這款食譜簡直是它的蛋糕翻版。可以當作美味的早餐、早午餐，或搭配打發椰漿、無乳製品冰淇淋變成完美甜點。噢，請盡可能別在上桌前將蛋糕上的奶酥吃光，這將會是毅力的考驗！

烤箱預熱至 175°C。將 8 吋圓型烤盤 / 扣環蛋糕模鋪上烘焙紙、刷上椰子油。

製作蛋糕：將杏仁奶和醋倒入碗中混合，靜置 5–10 分鐘，讓植物奶凝固。

同時，將杏仁粉、燕麥片、木薯粉、椰糖、泡打粉、小蘇打粉、鹽和肉桂粉倒入大碗，確保混合均勻、沒有結塊。

將融化椰子油和亞麻籽素蛋加入凝固的植物奶，攪拌至滑順。將濕性食材倒入乾性食材，攪拌至完全混合。將麵糊刮入備用模具，用橡皮刮刀 / 湯匙將表面抹平。

製作奶酥：將杏仁粉、椰子粉、燕麥片、鹽和椰子油混合。加入楓糖漿，攪拌至乾性食材完全濕潤。最後，拌入巧克力豆。將奶酥均勻倒在麵糊上。

烘烤至外觀呈金黃色、用牙籤測試不會沾黏，約 45–55 分鐘。必要時，烘烤 20 分鐘後，用鋁箔紙將蛋糕蓋上，避免奶酥過度上色。

待續

準備時間：15分鐘
烘焙時間：45分鐘
總時間：1小時
份量：10片

蛋糕

¾杯無糖杏仁奶/其他植物奶，常溫

1湯匙蘋果酒醋

1²/₃杯（160g）去皮杏仁粉

1杯（96g）無麩質燕麥片

½杯（57g）木薯粉

½杯（72g）椰糖

2茶匙泡打粉

1茶匙小蘇打粉

1茶匙猶太鹽

¾茶匙肉桂粉

⅓杯（67g）精製椰子油，融化

2份亞麻籽素蛋（見秘訣）

56g（約⅓杯）苦甜巧克力豆

奶酥

¾杯（75g）去皮杏仁粉

2湯匙椰子粉

½杯（48g）無麩質燕麥片

¼茶匙海鹽

3湯匙（37g）精製椰子油，軟化

3湯匙（63g）純楓糖漿

42g（約¼杯）迷你巧克力豆

將模具放在鐵架上完全冷卻。立即食用或放入密封容器，室溫可保存 3 天、冷藏可達 1 週、冷凍 3 個月。我喜歡將冷藏的蛋糕用微波加熱約 20 秒，使巧克力融化！

秘訣

- 製作2份亞麻籽素蛋：將2湯匙亞麻籽粉和5湯匙水混合。攪拌均勻，於室溫靜置約10分鐘，至形成膠狀。
- 椰子油的質地應該要像軟化奶油。若融化成液態，表示廚房過熱，請放入冷藏 15-20分鐘，凝固後再使用。

椰子杯子旦糕佐椰子糖霜

原始人、無穀類、無堅果、無麩質、無乳製品

在我咬下這款杯子旦糕的那刻起，立刻就愛上它了。濕潤、濃郁、充滿椰子風味，還吃得到旦糕體與糖霜中的椰子果肉。小時候，媽媽會做一款類似的椰子杯子蛋糕，將大量椰肉加入蛋糕體、糖霜和裝飾。這道食譜勾起我與媽媽在廚房，吃著現烤杯子蛋糕搭配融化糖霜的回憶。

開始前，先浸泡腰果供糖霜使用。將腰果放入大碗，加水蓋過約 3–5 公分。我偏好用過濾水，但自來水也可以。於室溫浸泡至少 4 小時，若時間更久，可放入冰箱至多 12 小時。若無法長時間浸泡，將滾水注入腰果，靜置 1 小時。如此能加速流程，但口感會不如長時間浸泡般綿密。使用前將腰果瀝乾洗淨。

製作杯子旦糕： 烤箱預熱至 175˚C。將 10 格 /12 格杯子蛋糕烤盤套上紙模或稍微刷上椰子油。

將椰子絲、椰子粉、泡打粉、小蘇打粉、鹽和椰糖倒入攪拌盆混合。

另取一個攪拌盆 / 大型量杯，混合椰漿、椰子油、楓糖漿、蛋和香草精。

將濕性食材倒入乾性食材，攪拌均勻。靜置 3 分鐘，讓椰子粉吸收部分液體。

待續

準備時間：20分鐘
烘焙時間：22分鐘
等待時間：1小時
總時間：1小時42分鐘（外加浸泡腰果）
份量：10片

1杯（120g）生腰果

杯子旦糕

1杯（80g）無糖椰子絲
½杯（64g）椰子粉
½茶匙泡打粉
½茶匙小蘇打粉
¼茶匙猶太鹽
⅓杯（48g）椰糖
½杯罐裝全脂椰奶
⅓杯（67g）初榨椰子油，融化
⅓杯（111g）純楓糖漿
3大顆蛋，常溫
1½茶匙純香草精

糖霜

½杯無糖椰子絲，另備更多裝飾
⅓杯椰子醬，融化
⅓杯罐裝椰漿
2湯匙精製椰子油，融化
¼杯純楓糖漿
½茶匙純香草精
½茶匙純杏仁萃取液
⅛茶匙海鹽

將麵糊均分至紙模中，每個約三分之二滿。若使用 12 格烤盤，於空格子內加一點水，避免乾烤。

烘烤約 22–25 分鐘，至牙籤測試不會沾黏、輕壓表面產生回彈即可。將蛋糕放涼 10 分鐘後，再脫模置於鐵網上完全冷卻。

製作糖霜：將腰果倒入濾盆瀝乾，輕甩將多餘水分去除。

將椰子絲加入大型平底鍋（可多加一點做裝飾）。以中火加熱，輕輕地攪拌，將椰子絲烤上色，約 3–5 分鐘。當邊緣呈淺褐色、釋出香氣，即可倒入盤子、鋪開來冷卻。

將椰子醬和椰漿倒入大型攪拌盆，混合至滑順。倒入高速攪拌機（我用 Vitamix）/ 裝有金屬刀片的食物調理機。加入瀝乾的腰果、椰子油、楓糖漿、香草精、杏仁萃取液和鹽，攪拌 3–5 分鐘，至滑順綿密。加入椰子絲攪拌或瞬轉混合。

若喜歡目前的糖霜質地，即可抹在冷卻的杯子旦糕上。若想用糖霜擠花，將其倒入金屬碗，冷藏至少 1 小時，至達到可以擠花的濃稠度。

將糖霜裝入附有星形花嘴的擠花袋 / 截角的夾鏈袋，擠在杯子旦糕上。

完成糖霜後，將每個旦糕撒上烤椰子絲。

薑旦糕佐香草「奶油乳酪」糖霜
純素、無麩質、無乳製品

我不願意承認這個食譜測試了很多次才成功，但老實說家裡放幾個不盡完美的薑旦糕，絕對不是最糟的事。這款旦糕用肉桂、薑、肉豆蔻和丁香調味，無論什麼季節，家裡都聞起來像聖誕節。我將一些粗糖撒在麵糊上，創造酥脆的糖衣。你可以做到這裡或加上氣味撲鼻的香草「奶油乳酪」風格糖霜。無論是否有糖霜，你都會忍不住整天切來吃。

開始前，先浸泡腰果供糖霜使用。將腰果放入大碗，加水蓋過約3–5公分。我偏好用過濾水，但自來水也可以。於室溫浸泡至少4小時，若時間更久，可放入冰箱至多12小時。若無法長時間浸泡，將滾水注入腰果，靜置1小時。如此能加速流程，但口感會不如長時間浸泡般綿密。使用前將腰果瀝乾洗淨。

烤箱預熱至175˚C。將11x22公分的長條蛋糕模刷上椰子油、鋪上烘焙紙或是都做。亦可用13x23公分的模具，但成品會較扁。

製作薑旦糕： 將植物奶和蘋果酒醋倒入小碗／量杯混合。靜置5–10分鐘，讓植物奶凝固。

將凝固的植物奶、椰糖、南瓜泥、堅果醬、椰子油、糖蜜、亞麻籽粉和香草精倒入攪拌盆混合。

準備時間：20分鐘
烘焙時間：50分鐘
總時間：1小時10分鐘（外加浸泡腰果）
份量：10片

1杯（120g）生腰果

薑旦糕
¼杯無糖杏仁奶/其他植物奶
1杯蘋果酒醋
¾杯（108g）椰糖
½杯（122g）南瓜泥
⅓杯（85g）杏仁/腰果醬（見秘訣）
2湯匙初榨椰子油，融化
2湯匙有機糖蜜（molasses）
2湯匙亞麻籽粉
1茶匙純香草精
1¼杯（120g）去皮杏仁粉
1杯（120g）無麩質燕麥粉（見秘訣）
1茶匙小蘇打粉
1茶匙泡打粉
2茶匙肉桂粉
1½茶匙薑粉
½茶匙肉豆蔻粉
½茶匙海鹽
¼茶匙丁香粉
2湯匙粗糖（非必要）

待續

糖霜

¼杯罐裝全脂椰奶

3湯匙純楓糖漿

1湯匙精製椰子油，融化

¾茶匙新鮮檸檬汁

½茶匙蘋果酒醋

¼茶匙香草莢粉

祕訣

- 我發現杏仁和腰果醬的效果最好，但可以依個人喜好，使用其他堅果或種籽醬。
- 自製無麩質燕麥：我會將燕麥倒入攪拌機，研磨成麵粉的質地，約30秒即可。

加入杏仁粉、燕麥粉、小蘇打粉、泡打粉、肉桂粉、薑粉、肉豆蔻、鹽和丁香，攪拌至充分混合。

將麵糊倒入備用模具，抹平表面。若想要，可撒上粗糖增添口感。烘烤50分鐘–1小時，至刀子刺入中心不沾黏即可。若使用13x23公分的模具，烘烤40–45分鐘時即可測試。

將模具置於鐵網上放涼15分鐘。脫模，讓旦糕在鐵網上完全冷卻，接著抹上糖霜。

製作糖霜：將腰果瀝乾洗淨。於高速攪拌機／裝有金屬刀片的食物調理機，加入瀝乾的腰果和其餘糖霜原料。攪拌至滑順綿密，約3分鐘。將糖霜抹在冷卻的旦糕上。若想要，可撒上少量肉桂粉即可上桌。

將剩餘的旦糕用保鮮膜密封或放入密封盒，可冷藏保存1週、冷凍6個月。若選擇不加糖霜，用保鮮膜／鋁箔紙將旦糕包緊，可於室溫保存3天。我很喜歡切片後再放入冷凍，這樣隨時可以用微波爐加熱。

原始人巧克力熔岩蛋糕

原始人、無穀類、無麩質、無乳製品

幾年前，我們全家進行一趟地中海郵輪之旅，沿途停靠希臘、義大利和西班牙。儘管我們在岸邊吃的食物都很棒，但有道甜點讓我自此無法忘卻：融化的巧克力熔岩蛋糕搭配一大球香草冰淇淋，在船上的每道晚餐我們都會點。回到家後，我使用幾樣簡單原料重現了夢幻的巧克力熔岩蛋糕，並調整一些關鍵成分符合無麩質和無精製糖。沒有什麼能超越湯匙劃開蛋糕表面、觸碰到濃稠融化巧克力的瞬間。務必注意蛋糕烘烤的時間，多幾秒都可以讓中央濃郁、流動的巧克力變成堅硬的蛋糕。

烤箱預熱至 190°C。將四個 3 吋烤皿刷上椰子油，放在烤盤上。

將巧克力和椰子油倒入湯鍋，用小火加熱至融化即可。

將 2 顆蛋和椰糖倒入大碗，攪拌至起泡。加入杏仁粉攪拌均勻。加入剩餘的蛋和蛋黃，攪拌混合。將蛋液混合物加入融化巧克力，攪拌至滑順。

將麵糊均分至四個備用烤皿。若不想馬上食用，放入冷藏、想吃前再烤。

烘烤約 15 分鐘，至邊緣成型、搖動烤盤中央仍會搖晃。烘烤 13 分鐘後開始檢查，避免烤過頭。上桌時，中央應該是濃稠柔軟的狀態。立即食用，很適合搭配打發椰漿或冰淇淋！

準備時間：15分鐘
烘焙時間：15分鐘
總時間：30分鐘
份量：4個

120g苦甜巧克力（我用72%生可可，見秘訣）

½杯（100g）精製椰子油/印度酥油（見秘訣）

3大顆蛋＋1大顆蛋黃，常溫

3湯匙椰糖

¼杯（24g）去皮杏仁粉

打發椰漿/冰淇淋，上桌用（非必要）

待續

秘訣

- 蛋糕的濃郁程度依巧克力濃度而定。若偏好較甜的蛋糕,可以用低可可比例的巧克力(如60%生可可);若想要蛋糕更濃郁,使用高可可比例的巧克力,但我通常不會用超過80%的比例。
- 完全無乳製品的版本,可以使用椰子油。印度酥油不含乳糖,但仍然是乳製副產品。若可食用乳製品,可以用½杯(1條)草飼奶油取代椰子油。

草莓酥餅

純素、無麩質、無乳製品

將香草風味酥餅配上幾乎無糖的蓬鬆椰漿、擺上醃漬的草莓片、撒上新鮮薄荷碎片。這是我能想到歡慶草莓季的最好方式，因為這道食譜美麗地展現了緋紅的草莓。酥餅則介於餅乾與司康之間，提供酥脆、不會太甜的基底，襯托清爽的椰漿和帶有檸檬味的草莓。薄荷碎片增添香草的清新，讓成品更加誘人。

草莓酥餅剛組裝完好吃，所以將食材分開保存，食用前再組裝。

製作酥餅：將烤盤鋪上烘焙紙、撒上燕麥粉。

將杏仁粉、燕麥粉、泡打粉、椰糖、鹽和香草莢粉倒入食物調理機／大型攪拌盆，用瞬轉或攪拌混合。

加入椰子油，用瞬轉、奶油切刀或叉子，將其拌入乾性食材，至少量椰子油殘留——質地應該呈現沙狀。

於小型攪拌盆混合椰奶和亞麻籽素蛋。加入乾性食材，用瞬轉或攪拌至完全融合。

將麵團放在烘焙紙上，壓成厚度約 2.5 公分的方形，冷藏 1 小時或最多 1 天，直到冷卻。

烘烤前，將烤箱預熱至 205°C。

將麵團從冰箱移至工作檯，放在烘焙紙上。用擀麵棍將麵團擀成約 23 公分的方形。用 3 吋餅乾模壓出 6–7 個圓形。將其餘麵團揉好再次擀開，切出更多酥餅。

待續

準備時間：40分鐘
烘焙時間：25分鐘
總時間：65分鐘
份量：6–7份

....

酥餅

1¼杯（120g）去皮杏仁粉

⅔杯（80g）無麩質燕麥粉

1湯匙泡打粉

1湯匙椰糖

¼茶匙鹽

¼茶匙香草莢粉或½茶匙香草精

½杯（100g）精製椰子油，固態

⅓杯（73g）罐裝全脂椰奶，另備刷上麵團用

1份亞麻籽素蛋（見秘訣）

粗糖（非必要）

草莓

2杯（473g）新鮮草莓片

1湯匙/適量椰糖，依草莓甜度而異

1顆檸檬皮屑

½茶匙香草精

1枝薄荷葉片，撕碎

打發椰漿

1罐（382g）椰漿，冷藏過夜

1湯匙純楓糖漿

¼茶匙香草莢粉/1茶匙香草精

秘訣

製作1份亞麻籽素蛋：將1湯匙亞麻籽粉和2½湯匙水混合。攪拌均勻，於室溫靜置約10分鐘，至形成膠狀。

將圓型麵團放回鋪有烘焙紙的烤盤上，保留間距，避免互相觸碰。

將麵團表面刷上椰奶、撒上粗糖。烘烤 20–25 分鐘，至呈現金黃色。

製備草莓：烘烤酥餅時，將草莓、椰糖、檸檬皮屑、香草和薄荷，放入小碗浸漬。

製作打發椰漿：將椰漿罐頭的水份瀝乾（可將其保留，很適合加入果昔）。將椰漿倒入攪拌盆 / 桌上型攪拌機搭配球狀攪拌器，攪拌至滑順蓬鬆，約 30 秒。加入楓糖漿和香草混合。

上桌前，將每個酥餅放入餐盤，加上打發椰漿和醃漬草莓。將剩餘的酥餅放入密封盒，可於室溫保存 3 天。若確實密封並放入密封盒，亦可冷凍保存。將剩餘的草莓和打發椰漿分別裝入密封罐，可冷藏 2 天。

胡桃果仁醬起司旦糕

原始人、無穀類、純素、免烤、無麩質、無乳製品

奶油味、香甜、有嚼勁，是我聽到「胡桃果仁」會聯想到的。而這些字也常讓我想到：奶油、白糖、高脂肪鮮奶油。有一次我在做焦糖醬，使用胡桃沾來試吃，結果被胡桃果仁的風味給震住了，即便不含乳製品與精製糖。這款綿密的腰果起司旦糕將香濃迷人的焦糖風味完美呈現。滑順的內餡搭配胡桃醬，置於椰棗胡桃底座，淋上焦糖胡桃醬點綴。這道甜點很放縱，非常適合多人分食，因為吃一小塊真的就足夠了！

開始前，先浸泡腰果供糖霜使用。將腰果放入大碗，加水蓋過約3–5公分。我偏好用過濾水，但自來水也可以。於室溫浸泡至少4小時，若時間更久，可放入冰箱至多12小時。若無法長時間浸泡，將滾水注入腰果，靜置1小時。如此能加速流程，但口感會不如長時間浸泡般綿密。使用前將腰果瀝乾洗淨。

製作焦糖醬：將楓糖漿、椰糖和椰奶倒入中型厚底湯鍋，以中火加熱至沸騰。一旦達到沸騰，將火轉小、煨煮30–45分鐘，經常攪拌，至糖果溫度計達到112°C。倒入玻璃量杯稍微放涼，並開始準備起司旦糕。

製作底座：將6吋扣環蛋糕模刷上椰子油，或將6吋蛋糕模圍上長條烘焙紙，以便脫模，並刷上足夠椰子油。亦可用8吋方型烤盤替代。

準備時間：30分鐘
烘焙時間：30分鐘
等待時間：3小時
總時間：4小時（外加浸泡腰果）
份量：10片

2杯（240g）生腰果

焦糖醬
½杯純楓糖漿
¼杯椰糖
¾杯罐裝全脂椰奶

椰棗胡桃底座
½杯（128g）略切胡桃
½杯（48g）去皮杏仁粉
4顆帝王椰棗，去籽
1湯匙精製椰子油，軟化
½茶匙肉桂粉
¼茶匙海鹽

起司旦糕內餡
½杯罐裝全脂椰奶
¼杯精製椰子油，融化冷卻
2湯匙滑順胡桃醬
2湯匙新鮮檸檬汁
¼茶匙香草莢粉
¼茶匙猶太鹽
½杯切碎胡桃

待續

將略切的胡桃、杏仁粉、去籽椰棗、椰子油、肉桂和鹽，放入高速攪拌機（我用 Vitamix，但多數強力攪拌機皆可）或裝有金屬刀片的食物調理機。攪拌至原料形成黏稠的麵團。不要打太久，否則會變成堅果醬。將麵團放入備用蛋糕模底部壓平。

製作內餡：將腰果瀝乾洗淨，倒入相同的調理機／高速攪拌機（免清洗），加入 1/3 杯焦糖醬、椰奶、椰子油、胡桃醬、檸檬汁、香草和鹽。攪拌 2-4 分鐘，至質地絲滑綿密。必要時，將容器邊緣的食材往下刮。

將內餡倒入備用模具的底座上。將表面抹平，用力敲幾下烤盤，使氣泡釋出。將起司旦糕放入冷凍庫至少 3 小時或至完全定型。

食用前，將起司旦糕放入冷藏解凍數小時，或於室溫解凍 15 分鐘。將胡桃碎拌入剩餘的焦糖醬，淋在旦糕上。若焦糖醬過度冷卻倒不出來，可微波加熱 15–30 秒。

將剩餘的旦糕密封，可冷藏保存 5 天、冷凍 3 個月。

準備時間：20分鐘
烘焙時間：40分鐘
總時間：1小時
份量：約10片

....

旦糕

2¼杯（216g）去皮杏仁粉

⅔杯（96g）椰糖

½杯（57g）木薯粉

⅓杯（43g）椰子粉

2茶匙小蘇打粉

1茶匙猶太鹽

½茶匙肉桂粉

3湯匙現刨橙皮＋1杯新鮮橙汁
（約2-4顆中型柳橙）

¼杯（50g）橄欖油

¼杯（85g）蜂蜜/純楓糖漿（見
秘訣）

2份亞麻籽素蛋（見秘訣）

2茶匙純香草精

椰子優格糖霜

1杯罐裝椰漿，冷卻

½杯椰子優格/任何濃稠植物奶優
格（見秘訣）

¼茶匙香草莢粉/1茶匙純香草精

1大顆柳橙皮屑

額外裝飾

乾燥橙片

新鮮莓果

點綴用花粉和蜂蜜（見秘訣）

柳橙旦糕佐椰子優格糖霜

原始人、無穀類、純素、無麩質、無乳製品

這款旦糕用在早餐、早午餐聚會、下午茶搭配咖啡或茶，都非常合適。但當作甜點，也讓人非常滿足！這款鬆軟的旦糕，充滿新鮮橙皮和果汁，帶來美妙的柳橙風味。椰子優格讓綿密的「糖霜」輕盈怡人。我推薦椰子優格濃稠的質地，較稀薄的優格可能會讓糖霜太過流動，見秘訣。用莓果、乾燥橙片和花粉裝飾糖霜旦糕，就能端出簡單又驚艷的成品。

....

烤箱預熱至175°C。將9吋扣環蛋糕模刷上椰子油。

製作旦糕：將杏仁粉、椰糖、木薯粉、椰子粉、小蘇打、鹽和肉桂粉倒入大型攪拌盆，攪拌至徹底混合。於中間挖一個洞。

另取一個碗，混合橙皮、果汁、橄欖油、蜂蜜、亞麻籽和香草精。將濕性食材倒入乾性食材中間的洞，攪拌混合。將麵糊倒入備用蛋糕模，抹平表面。

烘烤約40分鐘，至牙籤測試不會沾黏、指尖輕壓表面產生回彈即可。將蛋糕模置於鐵網上完全冷卻，接著再脫模。

製作糖霜：將椰漿倒入碗中／桌上型攪拌機搭配球狀攪拌器。攪拌至蓬鬆滑順。加入椰子優格和香草，再次攪拌。用湯匙或橡皮刮刀將橙皮拌入糖霜，若想要可保留一點做裝飾。

待續

將糖霜抹在冷卻的旦糕上，用乾燥橙片、橙皮、莓果、花粉和蜂蜜點綴，或自行搭配。

秘訣

- 非乳製優格可以選用個人喜歡的品牌，但記得這款食譜需要越濃稠越好！若你的優格不夠濃稠，將1杯稀薄優格倒入細篩網，置於碗上約30分鐘-1小時，至質地變濃稠。取½杯濃稠優格製作糖霜。或是，若你的優格特別稀薄，先加入¼杯混合，假使糖霜不會太稀，就再加一點。
- 若想做成純素版本，用楓糖漿取代蜂蜜，不要用花粉和蜂蜜裝飾。
- 製作2份亞麻籽素蛋：將2湯匙亞麻籽粉和5湯匙水混合。攪拌均勻，於室溫靜置約10分鐘，至形成膠狀。

那不勒斯起司旦糕

原始人、無穀類、純素、免烤、無麩質、無乳製品

你曾經迷戀過那不勒斯冰淇淋嗎？我小時候超熱愛，但通常會避開草莓的部分，只吃巧克力跟香草的地方，留下一個大洞。如今，我對於這三種口味有著相等的愛，它們會在這款那不勒斯起司旦糕中閃耀——用巧克力、香草和草莓內餡做成美麗夾層，搭配濃郁的巧克力甘納許。若想要顏色分明的層次，記得每層都要冷凍至少 30 分鐘，再加入下一層。若不介意層次沒有非常整齊，可以將所有夾層一次完成。

開始前，先浸泡腰果供內餡使用。將腰果放入大碗，加水蓋過約 3–5 公分。我偏好用過濾水，但自來水也可以。於室溫浸泡至少 4 小時，若時間更久，可放入冰箱至多 12 小時。若無法長時間浸泡，將滾水注入腰果，靜置 1 小時。如此能加速流程，但口感會不如長時間浸泡般綿密。使用前將腰果瀝乾洗淨。

將 6 吋扣環蛋糕模刷上椰子油，或將 6 吋蛋糕模圍上長條烘焙紙，以便脫模，並充分刷上椰子油。亦可用 8 吋方型烤盤替代。

製作底座：將杏仁粉、椰棗、椰子油、可可粉和鹽，倒入裝有金屬刀片的食物調理機／高速攪拌機。攪拌至原料形成有黏性的麵團、壓下去不會散開。（不要打太久，否則會變成堅果醬！）將麵團放入備用蛋糕模，於底部壓平。

製作內餡：將腰果瀝乾洗淨，倒入相同的調理機／高速攪拌機（免清洗），加入椰奶、椰子油、楓糖漿、檸檬汁和香草，攪拌至內餡絲滑綿密，約 2 分鐘。必要時，將容器邊緣的食材往下刮。

準備時間：30分鐘
等待時間：約4小時
總時間：4.5小時（外加浸泡腰果）
份量：10片

2杯（240g）生腰果

底座
1杯（96g）去皮杏仁粉
2顆帝王椰棗，去籽
2湯匙精製椰子油，融化
1湯匙生可可粉
¼茶匙猶太鹽

起司旦糕內餡
½杯罐裝全脂椰奶
¼杯精製椰子油，融化
⅓杯純楓糖漿
2湯匙新鮮檸檬汁
1½湯匙香草精或¾茶匙香草莢粉
4茶匙生可可粉
½杯冷凍乾燥草莓

甘納許
85g（約6湯匙）苦甜巧克力（我用72%生可可），切塊
⅓杯搖勻罐裝全脂椰奶

待續

將三分之二的內餡分至另一個碗（見秘訣）。將可可粉加入其餘的內餡，瞬轉攪拌混合。將巧克力內餡倒入底座、均勻鋪平。放入冷凍庫定型，約 30 分鐘。

當第一層定型後，取一半剩餘的香草內餡，均勻鋪在巧克力層上，再冷凍 30 分鐘。

將剩餘的香草內餡倒回碗裡或調理機（這次要先清洗）。加入冷凍乾燥草莓，攪拌混合。

一旦香草層定型，將草莓內餡倒在上方，均勻抹平。用力敲幾下烤盤，讓氣泡釋出。

將起司旦糕冷凍至少 3 小時，或至完全定型，再加上甘納許。

製作甘納許：將巧克力塊放入碗中。用湯鍋將椰奶加熱至沸騰。（亦可微波加熱 30 秒。）將熱椰奶倒入巧克力塊，確保高度蓋過巧克力。靜置 2 分鐘，使巧克力融化。攪拌至滑順即可。

將甘納許淋在起司旦糕上。立即食用，或是密封放入冷藏／冷凍保存，食用前再取出。

若以冷凍保存，食用前將旦糕放入冷藏解凍至少 1 小時，或於室溫解凍約 15 分鐘。我建議先用熱水將刀沖過、擦乾，再用熱刀切片。

將起司旦糕密封，可冷藏保存 5 天、冷凍 3 個月。

秘訣

若有廚房電子秤，將內餡從食物調理機/攪拌機取出時，
先測量三分之二。完成的內餡重量約650g，所以要取出435g。
準備一個碗，將電子秤歸零，倒入435g內餡。
調理機內會剩下三分之一的量（215g）。
若想要精準，我會這麼做，但有時候只會簡單目測！

第三章

派類 塔類 奶酥類

成功的秘訣：

派類、塔類和奶酥類都是很適合提前製作的甜點：水果派、脆皮奶酥（cobblers）和奶酥，只要包好放入冷藏，食用前再烘烤，即可享用現烤的派或奶酥。塔類則是完成後，先冷藏 1–2 天再食用。

新鮮水果很適合這些食譜，若可以，我很推薦使用。某些食譜（如綜合莓果奶酥、甜桃藍莓奶酥）亦可使用冷凍水果，請先解凍並瀝乾。

確保所有派類、塔類和奶酥類完全冷卻再上桌，水果定型後切片才會乾淨好看。

準備時間：45分鐘
烘焙時間：50分鐘
總時間：1小時35分鐘
份量：12片

派皮

1½ 杯（144g）去皮杏仁粉

½ 杯（57g）木薯粉

3湯匙亞麻籽粉

1湯匙椰糖

¼茶匙猶太鹽

6湯匙（75g）精製椰子油，冷卻

2湯匙冷水

內餡

¼杯精製椰子油

2湯匙木薯粉

½杯椰糖

2湯匙純楓糖漿

2湯匙新鮮檸檬汁

1湯匙純香草精

2茶匙肉桂粉

¼茶匙薑粉

¼茶匙肉豆蔻粉

¼茶匙多香果

約900g蘋果，如蜜脆蘋果（Honey-
    crisp）、澳洲青蘋（Granny Smith）
    或紅龍蘋果（Jonagold），去皮、
    去核，切片、厚度約0.6公分

奶酥

1杯（96g）去皮杏仁粉

2湯匙椰子粉

蘋果奶酥派

原始人、無穀類、純素、無麩質、無乳製品

蘋果奶酥派一直是我很喜歡的甜點。小時候，我們會去家裡附近的健康食品店，購買來自朱利安小鎮（Julian）的蘋果派，當地的名產就是蘋果和蘋果派，過去約 1 小時車程。回家後，我和姊姊會坐在廚房餐檯上，吃著蘋果派掉落的奶酥。這個版本有相同的奶油風味派皮和誘人的奶酥，但派皮其實是純素種類，奶酥則是用杏仁粉和椰子片製成原始人飲食風格。無論是任何假日節慶、或是想吃點蘋果奶酥的時候都很適合！

烤箱預熱至 215°C。

製作派皮：將杏仁粉、木薯粉、亞麻籽粉、椰糖、鹽和椰子油倒入裝有金屬刀片的食物調理機。若想要，亦可倒入攪拌盆用手動攪拌。用瞬轉 / 奶油切刀，混合至質地呈現粗粒狀。加水，瞬轉 / 攪拌至麵團成型。若在碗中攪拌，最後可以用手使麵團成型。

將工作檯稍微撒上手粉，讓麵團置於兩張烘焙紙之間 / 矽膠墊上，擀成約 30 公分圓型。小心地將麵團放入 9 吋淺派盤。若麵團破裂，別擔心！用指尖壓回原形即可。以相同方式修補任何破洞或裂縫。將派皮放入冷凍庫，開始準備內餡。

製作內餡：將椰子油放入湯鍋，以中小火融化。拌入木薯粉，形成糊狀；接著拌入椰糖、楓糖漿、檸檬汁、香草、肉桂粉、薑粉、肉豆蔻和多香果。加熱至沸騰，煨煮 3 分鐘後關火。

待續

¼杯（15g）椰子片，切小片
¼杯（85g）純楓糖漿
¼杯（50g）精製椰子油，軟化
¼杯（28g）胡桃碎

將蘋果裝入大碗，倒入內餡。攪拌使蘋果完整包覆。將蘋果餡倒入派皮。

製作奶酥：將杏仁粉、椰子粉、椰子片、楓糖漿、椰子油和胡桃倒入大型攪拌盆。攪拌至乾性食材完全濕潤。將混合物捏碎、均勻撒在蘋果上。

將派置於烤盤上，烘烤 15 分鐘。調降溫度至 175°C，繼續烤 35–45 分鐘，至蘋果軟化、奶酥表面呈金黃色。若蘋果派太快上色，請蓋上鋁箔紙！

上桌前，讓派冷卻至少 1 小時。可溫熱或冷卻食用。剩餘的部分可冷藏保存 4 天。

印度香料脆皮洋梨奶酥

原始人、無穀類、純素、無麩質、無乳製品

洋梨在我的廚房通常不太被重視，但這款食譜讓我想起自己有多愛用洋梨烘焙！它們比蘋果更多汁，在這裡會融化成美味、奶油般的口感，不像蘋果有時候會太硬、但也不會太水。搭配不同品種的洋梨，形成讓味蕾愉悅的綜合口感，溫暖的印度香料也替奶酥帶來意外風味。不同於較傳統、類似餅乾的脆皮奶酥，此處的配料像是將蓬鬆的麵糊放入烤箱，創造出美味、蓬鬆微焦的表層。加上一球冰淇淋或打發椰漿，便是一款奢華的甜點。

烤箱預熱至190°C。將 8 吋方形烤盤或類似尺寸的圓形砂鍋刷上椰子油。

製作內餡：將洋梨片、椰糖、木薯粉、楓糖漿、香草精、肉桂、肉豆蔻、薑、小荳蔻、鹽和黑胡椒倒入碗中充分混合。將水果倒入備用烤盤。

製作配料：另取一個碗，混合杏仁粉、木薯粉、椰子油、椰糖、泡打粉、香草和鹽。攪拌至滑順，鋪在洋梨上將其覆蓋。

製作肉桂糖：將椰糖和肉桂粉混合，撒在麵糊上。

烘烤約 35–40 分鐘，至牙籤插入配料不會沾黏、洋梨冒泡即可。

秘訣

將1杯新鮮蔓越莓加入西洋梨混合物，
可添加額外酸度和節慶的顏色！

準備時間：20分鐘

烘焙時間：35分鐘

總時間：約1小時

份量：8份

內餡

680g成熟硬洋梨，如安琪兒西洋梨（Anjou）或巴特梨（Bartlett），去皮、去核，切片、厚度約0.6公分

1/3杯椰糖

2湯匙＋2茶匙木薯粉

1湯匙純楓糖漿

1茶匙純香草精

1 1/4茶匙肉桂粉

1/2茶匙肉豆蔻粉

1/2茶匙薑粉

1/4茶匙小荳蔻粉

1/4茶匙猶太鹽

1/8茶匙黑胡椒

配料

3/4杯（72g）去皮杏仁粉

3/4杯（85g）木薯粉

1/3杯（67g）椰子油，融化

1/3杯植物奶，如無糖杏仁奶

2湯匙椰糖

2 1/4茶匙泡打粉

1茶匙純香草精

少許猶太鹽

肉桂糖

2茶匙椰糖

1/4茶匙肉桂粉

準備時間：15分鐘
等待時間：2小時
總時間：2小時15分鐘
份量：10片

榛果塔皮

1½杯（168g）榛果粉（見秘訣）
¼杯（50g）精製椰子油，融化
2湯匙純楓糖漿
¼茶匙猶太鹽

內餡

170g苦甜巧克力，切碎（我用
　72%生可可）
¾杯罐裝全脂椰奶
⅓杯榛果巧克力醬（269頁）
約2杯（473g）新鮮草莓片（見
　秘訣）
¼杯烤榛果碎

秘訣

* 若偏好更酸，可用覆盆子取代
　草莓。亦可省略莓果，創造出
　更濃郁的榛果風味。
* 榛果粉可以購買現成的或自
　製。將榛果加入果汁機/食物
　調理機，瞬轉打成細緻麵粉狀
　即可。

草莓榛果巧克力塔

原始人、無穀類、純素、免烤、無麩質、無乳製品

我的人生有很長一段時間，認為自己不喜歡榛果。那是因為我不喜歡流行的加工榛果巧克力醬，所以我以為自己不喜歡榛果。某次我試吃一款自製的榛果巧克力醬，馬上就愛上烘烤堅果般的榛果味，特別是搭配巧克力的時候——但奶味太重或過甜會不好吃。這個塔使用榛果粉凸顯榛果風味，搭配部分自製榛果巧克力醬製成的巧克力內餡，放上新鮮草莓中和濃郁的巧克力味，添加榛果帶來一點脆度。

製作塔皮：將9吋活底塔模稍微刷上椰子油。

將所有塔皮原料倒入攪拌盆混合。當麵團成型後，將其均勻壓入備用塔模底部和邊緣。放入冷藏定型，並開始準備內餡。

製作內餡：將切碎的巧克力倒入耐熱碗中。用小湯鍋將椰奶煮沸，倒入巧克力中，靜置1分鐘，攪拌至滑順。拌入榛果巧克力醬混合。將內餡均勻倒入備用塔皮，用草莓和榛果裝飾。

放入冷藏至少2小時，當巧克力塔成型、完全冷卻後再切片。剩餘的部分放入密封盒，可冷藏保存2天。

燕麥胡桃南瓜派
純素、無麩質、無乳製品

南瓜派靠邊站，新的胡桃南瓜派要登場囉！南瓜已經成為節慶料理的常客，但我發現胡桃南瓜的風味比南瓜更香甜可口。這裡使用烤胡桃南瓜，取代較傳統的罐頭南瓜，成為更出色的派。當南瓜餡在燕麥派皮內烘烤時，會釋出楓糖漿、肉桂、肉豆蔻、薑和香草的香氣，加上一大球打發椰漿上桌時，你會想要吃得精光。這個派是我的節慶新常客！

....

開始前，先烘烤胡桃南瓜供內餡使用。烤箱預熱至 175°C。將烤盤鋪上烘焙紙。將胡桃南瓜縱切，切面朝下，置於烤盤上烘烤 45–60 分鐘，至刀子可輕易刺入中央。讓南瓜稍微冷卻，去皮去籽，取 2½ 杯南瓜泥製作內餡。剩餘的部分可保留給其他用途。

製作派皮：將烤箱維持在 175°C（若提前烤好南瓜，此時將烤箱加熱）。將 9 吋深型派盤 / 塔模（至少 5 公分高）徹底刷上椰子油。

將杏仁粉、即食燕麥片、泡打粉、肉桂粉和鹽倒入大型攪拌盆，混合均勻。加入椰子油和楓糖漿，用湯匙攪拌至乾性食材被完整包覆、沒有塊狀椰子油殘留。

將麵團均勻壓入備用塔模的底部和邊緣，確保完全覆蓋。（我喜歡用平底量杯將側邊壓平，並確保派皮底部平整）。

準備時間：1小時15分鐘

烘焙時間：45分鐘

總時間：2小時（外加烤箱冷卻30分鐘、冷藏2小時）

份量：12份

....

1顆胡桃南瓜，約450g

派皮

1½杯（144g）去皮杏仁粉

1杯（96g）無麩質即食燕麥

1茶匙泡打粉

1茶匙肉桂粉

½茶匙猶太鹽

⅓杯（67g）精製椰子油，軟化（見秘訣）

¼杯（85g）純楓糖漿

內餡

¾杯罐裝全脂椰奶

⅔杯（96g）椰糖

¼杯（28g）木薯粉

2湯匙綿密杏仁醬

2湯匙純楓糖漿

1茶匙肉桂粉

1茶匙薑粉

1茶匙純香草精

¼茶匙肉豆蔻粉

¼茶匙多香果

¼茶匙猶太鹽

⅛茶匙丁香粉

待續

裝飾
1罐（382g）全脂椰漿，冷藏過夜
肉桂粉，點綴用

秘訣

椰子油的質地應該要像軟化奶
油。若融化成液態，則表示廚房
過熱，放入冷藏15-20分鐘至
變硬即可。

製作內餡：將 2½ 杯南瓜和其他內餡原料倒入裝有金屬刀片的食物調理機，攪拌至完全滑順。必要時，將容器邊緣的食材往下刮。將內餡倒入派皮，稍微敲幾下，讓氣泡釋出。

將派置於烤盤上，烘烤約 45 分鐘，至側邊定型、輕搖派盤中央會稍微搖晃。

關閉烤箱，用木杓將烤箱門撐開。讓派在烤箱內冷卻 30 分鐘。將南瓜派移到鐵網上，冷卻至室溫。用保鮮膜覆蓋，冷藏至少 2 小時、至多 12 小時再食用。

裝飾：將椰漿罐頭水份瀝乾（可將其保留，很適合加入果昔）。將椰漿倒入攪拌盆／桌上型攪拌機搭配球狀攪拌器，攪拌至綿密，約 30 秒。將打發椰漿抹在南瓜派上。用細篩網撒上肉桂粉，即可上桌。

巧克力花生醬塔

無穀類、純素、免烤、無麩質、無乳製品

我的生活鮮少有手邊缺乏巧克力或花生醬的時候。這個迷戀來自於爸爸對兩者的熱愛，以及他總是吃花生醬杯子巧克力當作甜點的堅持。這個塔本質就是花生醬杯子巧克力的放大版——由巧克力塔皮盛裝微甜的花生醬內餡，淋上融化巧克力和花生醬混合的裝飾。撒上海鹽片，中和成品的甜度，使口味更豐富。還有更好的嗎？不需要烘烤，很適合不想開烤箱的日子。巧克力花生醬的愛好者，盡情享用吧！

製作塔皮：將 9 吋活底塔模稍微刷上椰子油。

將所有塔皮原料倒入攪拌盆，攪拌至完全濕潤。將麵團均勻壓入備用塔模底部和側邊。放入冷藏，並開始準備內餡。

製作內餡：將花生醬、楓糖漿、椰子粉、（猶太鹽）倒入攪拌盆，攪拌至滑順。將內餡均勻倒入備用塔皮，用湯匙 / 曲柄抹刀將表面抹平。放入冷藏 30 分鐘，至內餡定型。

巧克力裝飾：當內餡定型後，將巧克力和花生醬倒入可微波容器，加熱 30 秒。取出攪拌，再加熱 15 秒。重複動作，至混合物完全融化滑順。

將融化的巧克力倒在內餡上，依喜好撒上花生碎和海鹽片。冷藏 1 小時，等塔定型後再切片上桌。

用保鮮膜包好，放入密封盒可冷藏保存 1 週、冷凍 2 個月。

準備時間：15分鐘
等待時間：1.5小時
總時間：1小時45分鐘
份量：10份

塔皮

1½杯（144g）去皮杏仁粉
¼杯（24g）生可可粉
¼杯（50g）精製椰子油，融化
2湯匙純楓糖漿
¼茶匙猶太鹽

內餡

1½杯（192g）綿密花生醬
5湯匙（105g）純楓糖漿
⅓杯（43g）椰子粉
¼茶匙猶太鹽（若使用鹹花生醬，可以省略）

巧克力裝飾

85g苦甜巧克力，切塊（約½杯）
2湯匙綿密花生醬（見秘訣）
烤花生碎，裝飾用
海鹽片，裝飾用

秘訣

雖然我喜歡搭配花生醬，
但任何偏好的堅果醬皆可。

準備時間：15分鐘
烘焙時間：30分鐘
總時間：45分鐘
份量：9份

....

莓果內餡

3大杯綜合莓果，如草莓、覆盆子
　和藍莓（見秘訣）
3湯匙純楓糖漿
1茶匙純香草精
2湯匙木薯粉

杏仁醬奶酥

2湯匙精製椰子油，稍微軟化（見
　秘訣）
1/3杯（85g）綿密杏仁醬
1/2杯（64g）椰子粉
1/2杯（48g）無麩質燕麥片
1/4杯（28g）杏仁片
1/4杯（36g）椰糖
1茶匙肉桂粉
1/4茶匙猶太鹽

裝飾

1罐（382g）全脂椰漿，冷藏過夜
1/4杯（64g）綿密杏仁醬

烤綜合莓果與杏仁醬奶酥

純素、無麩質、無乳製品

奶酥迷請注意，因為這是我做過最好的奶酥之一。原料中的杏仁醬產生入口即化的質地；燕麥片和杏仁片則帶來一些口感。堆上綜合新鮮莓果，成就這款迷人甜點。此處亦可使用解凍的冷凍莓果（見秘訣），所以全年都可以做，不用等到夏天的莓果季節。將奶酥的杏仁醬換成花生醬，便是令人垂涎三尺的花生果醬版本！

....

烤箱預熱至 175°C。將 8 吋方形烤盤稍微刷上椰子油。

製作內餡：將莓果、楓糖漿、香草和木薯粉倒入大型攪拌盆，攪拌至滑順。將內餡倒入備用烤盤，輕柔地抹開、覆蓋住烤盤底部。

製作奶酥：另取一個碗，充分混合椰子油和杏仁醬。加入椰子粉、燕麥片、杏仁片、椰糖、肉桂粉和鹽。攪拌至乾性食材充分混合，將奶酥捏碎撒在莓果上。

烘烤 30 分鐘，至莓果內餡冒泡、表面定型、稍微上色。

裝飾：將椰漿罐頭的水份瀝乾，椰漿倒入攪拌盆 / 桌上型攪拌機搭配球狀攪拌器。用手動 / 機器將冷椰漿攪拌約 30 秒，或至呈現綿密狀。

將杏仁醬裝入可微波容器，加熱 15 秒，或直到形成流動狀態。將
每份奶酥搭配 1 勺打發椰漿、淋上杏仁醬，即可上桌。

秘訣

- 若想要，可用冷凍莓果取代新鮮莓果。使用前，先放入濾盆稍微解
  凍，以去除多餘水分。解凍後再秤量莓果。
- 椰子油的質地應該要像軟化奶油。若太軟或融化，表示廚房過熱，放
  入冷藏15-30分鐘，直到變硬。

準備時間：15分鐘
烘焙時間：40分鐘
總時間：約1小時
份量：8-10片

....

內餡
3杯去蒂新鮮草莓丁（約700g）
1茶匙新鮮檸檬汁
1湯匙純楓糖漿
1湯匙木薯粉

塔皮
1¼杯（120g）去皮杏仁粉
¾杯（72g）無麩質燕麥片
1茶匙泡打粉
¼茶匙猶太鹽
1小顆檸檬皮屑
¼杯（85g）純楓糖漿
⅓杯（67g）精製椰子油，軟化
　　（見秘訣）
¼杯（28g）胡桃碎

草莓燕麥奶酥塔
純素、無麩質、無乳製品

在聖地牙哥的夏天，我總是會從農夫市集採買大量草莓。在我最喜歡的週日市集閒逛時，浸沐在陽光下的草莓香蓋過其他氣味，很難不全部購買。一旦庫存充滿太陽曬過的新鮮草莓，我就很想用它們來烘焙，而這款奶酥能突顯草莓新鮮香甜的風味。拌入少量檸檬汁、楓糖漿和木薯粉，就能帶出味道，與帶有檸檬香的燕麥塔皮相得益彰。它能夠當營養早餐，當甜點也夠好吃，特別是配上打發椰漿或香草冰淇淋。

....

烤箱預熱至 175°C。將 9 吋活底塔模（見秘訣）稍微刷上椰子油。

製作內餡：將草莓、檸檬汁、楓糖漿和木薯粉倒入中型攪拌盆，攪拌至草莓被完全包覆。將草莓靜置浸泡，同時準備塔皮。

製作塔皮：將杏仁粉、燕麥片、泡打粉、鹽和檸檬皮屑倒入攪拌盆，攪拌至均勻混合。加入楓糖漿和椰子油，用湯匙或刮刀攪拌，至手指輕捏不會散開。

取 ½ 大杯麵團倒入碗裡。加入胡桃碎攪拌均勻。將奶酥靜置備用。

將剩餘的麵團倒入備用塔模，均勻壓入模具底部和側邊。將草莓放入塔皮，確保水分留在碗裡。將草莓鋪平，盡可能均勻地撒上備用的奶酥。

待續

烘烤約 40 分鐘，至內餡冒泡、塔皮呈金黃色。經過 25 分鐘後，蓋上鋁箔紙，避免過度上色。將塔放在鐵網上完全冷卻。冷卻後，切成 8-10 塊上桌。將塔密封，放入冷藏可保存 1 週。

秘訣

- 椰子油的質地應該要像軟化奶油。若太軟或融化，表示廚房過熱，放入冷藏15-30分鐘，直到變硬。
- 這個塔保存後更好吃，第2-3天會和現做當天一樣好吃，因此很適合提前準備。
- 若沒有塔類烤盤，這個食譜亦可做成方塊點心。用8吋方形烤盤刷上椰子油，再切成小的方塊即可。

芒果塔

原始人、無穀類、純素、無麩質、無乳製品

我小時候在加州德爾馬市長大，附近的餐廳有款招牌芒果塔。那個芒果塔有著酥脆的餅乾塔皮、甜美的香草內餡，最大的亮點是表面整齊排列成玫瑰造型的熟芒果切片。成品富含天然水果甜味，不僅滿足你所有的甜點慾望，也是視覺上的饗宴！我的版本選用椰子風味的塔皮，我認為很適合搭配熟芒果，加上打發椰漿內餡與芒果映襯。請確保芒果夠熟、帶有明亮橙色，才能做出最可口的芒果塔。

烤箱預熱至 175°C。將 9 吋活底塔模刷上椰子油。

製作塔皮：將杏仁粉、椰子絲和鹽倒入攪拌盆混合。加入椰子油和楓糖漿，攪拌至質地呈現粗粒狀、用手指輕捏不會散開。

將麵團倒入備用塔模，均勻壓入塔模底部和邊緣。用手指或平底量杯輔助。

將塔皮放入烤箱中央，烤至金黃色、塔皮定型，約 12–14 分鐘。移至鐵網上完全冷卻。

製作內餡：將椰漿罐頭水份瀝乾（可將其保留，很適合加入果昔），椰漿倒入攪拌盆/桌上型攪拌機搭配球狀攪拌器。用手動或機器將椰漿攪拌至蓬鬆。加入楓糖漿和香草，再次攪拌均勻。放入冷藏，組裝時再取出。

準備時間：40分鐘
烘焙時間：12分鐘
總時間：約1小時（外加冷卻塔皮）
份量：10份

塔皮
1½杯（144g）去皮杏仁粉
½杯（57g）無糖椰子絲
¼茶匙猶太鹽
2湯匙初榨椰子油，融化
2湯匙純楓糖漿

內餡
1罐（382g）全脂椰漿，冷藏過夜
2湯匙純楓糖漿
1茶匙純香草精
3大顆/5小顆熟芒果

待續

用蔬果削皮器／小刀將芒果去皮。將去皮的芒果立在流理台上，刀子置於中央果核的一側，筆直往下切，落刀盡可能靠近中央果核。將芒果轉向，切下另一側的果肉。你會得到 2 大塊果肉和扁平的果核。丟掉果核，將兩大塊果肉依長邊切成薄片。重複步驟處理其他芒果。

將打發椰漿均勻地抹在完全冷卻的塔皮上。

從最長的芒果片開始，沿著塔的周圍排列。重複動作，由外向內排列芒果片，每列可稍微重疊。接近中央時，捲起一片芒果放在中心。立即上桌，或是蓋上放入冷藏。現做當天最美味，但蓋上放入冷藏可保存 3 天。

準備時間：15分鐘
烘焙時間：50分鐘
總時間：約1小時
份量：8份

內餡

3顆新鮮甜桃（nectarines，約
　450g），去皮、去核，切成約
　1.2公分瓣狀
1½杯新鮮藍莓
2湯匙椰糖
2湯匙木薯粉
1茶匙檸檬皮屑
1湯匙新鮮檸檬汁
½茶匙肉桂粉

奶酥

1杯（96g）去皮杏仁粉
⅓杯（57g）玉米粉
¼杯（36g）椰糖
¼茶匙猶太鹽
1湯匙純楓糖漿
¼杯（50g）精製椰子油，軟化
　（見秘訣）

烤甜桃藍莓與玉米粉奶酥

純素、無麩質、無乳製品

去年夏天，當甜桃首次出現在農夫市集時，我帶了好幾袋熟甜桃回家。大部分被我直接吃掉了，它們香甜成熟的風味，本身就很美味。但是，我難免會想將它們做成冒泡的甜美奶酥。這款食譜搭配了藍莓，將兩種水果稍微用楓糖調味、添加檸檬香氣，配上玉米粉奶酥。玉米粉替配料帶來獨特的美味和口感，與水果完美搭配。加上冰淇淋做成甜點，或是椰子優格當作早餐！

烤箱預熱至175°C。將8吋方形烤盤／類似尺寸的圓形砂鍋刷上椰子油。

製作內餡：於大碗中混合甜桃和藍莓。加入椰糖、木薯粉、檸檬皮屑、檸檬汁和肉桂粉，攪拌使水果被包覆。倒入備用烤盤，均勻鋪開。

製作奶酥：使用相同或另一個碗，混合杏仁粉、玉米粉、椰糖和鹽。拌入楓糖漿和椰子油，至形成易碎的麵團。

將麵團壓成團狀，撥成小塊撒在水果內餡上（麵團的份量可能會過多，依烤盤大小和偏好的奶酥量而定。若有剩餘的麵團，可用在其他奶酥。）

烘烤50–60分鐘，至表面呈金黃色、水果冒泡。若太快上色，用鋁箔紙蓋住，避免過度上色。

上桌前，讓奶酥冷卻至少10分鐘。

秘訣

- 若事先準備，打算之後再烤，加上奶酥後，包上保鮮膜，可冷藏24小時。
- 椰子油的質地應該要像軟化奶油。若太軟或融化，表示廚房過熱，放入冷藏15-30分鐘，直到變硬。

準備時間：25分鐘
等待時間：2小時
總時間：約2.5小時
份量：10片

....

一小顆（280g）地瓜

派皮
¾杯（72g）去皮杏仁粉
1¼杯（141g）生胡桃
3湯匙椰糖
3湯匙精製椰子油，融化
½茶匙肉桂粉
¼茶匙猶太鹽

內餡
⅔杯罐裝全脂椰奶
⅓杯生可可粉
¼杯純楓糖漿
3湯匙可可脂，融化
1湯匙純香草精
½茶匙猶太鹽

裝飾
1罐（382g）全脂椰漿，冷藏過夜
¼杯石榴籽

巧克力慕斯派

原始人、無穀類、純素、免烤、無麩質、無乳製品

看到食譜的第一個原料時，你可能會感到困惑。請相信我，這款巧克力慕斯派是很棒的派對把戲。過去有段美好時光，我會讓大家猜派裡頭的原料，當他們得知綿密的巧克力內餡，其實是由平凡的地瓜製成，臉上的表情無不驚訝。沒錯，內餡的主要原料就是一整顆地瓜，帶來滑順綿密的口感和微甜味，若不是自己做過，肯定不會猜到。

....

開始前，先準備地瓜供內餡使用。用叉子將地瓜戳幾個洞，用濕的餐巾紙包住。將其放入可微波容器，加熱 3 分鐘。將地瓜翻面，保留餐巾紙，再加熱 3 分鐘，或至地瓜軟化、完全熟透。需要的時間依地瓜的形狀而異。亦可用 175°C 烘烤 45 分鐘，直到軟化。讓地瓜冷卻 5–10 分鐘，再剝除外皮。置於一旁備用，同時準備派皮。

製作派皮：將 6 吋扣環蛋糕模 / 8 吋活底塔模稍微刷上椰子油。

將杏仁粉、胡桃、椰糖、椰子油、肉桂粉和鹽倒入裝有金屬刀片的食物調理機 / 高速攪拌機（我用 Vitamix）。用瞬轉攪拌至胡桃打碎、麵團濕潤成型。必要時，將容器邊緣的食材往下刮。

將麵團均勻壓入備用塔模的底部和邊緣。

待續

製作內餡：將熟地瓜、椰奶、可可粉、楓糖漿、融化可可脂、香草和鹽倒入攪拌機／裝有金屬刀片的食物調理機。用中速瞬轉／攪拌至滑順，約 2 分鐘。必要時，將容器邊緣的食材往下刮。若使用調理機，可用攪拌棒讓內部保持運轉。

將內餡倒入備用派皮，抹平表面。冷藏至少 2 小時定型。

裝飾：將椰漿罐頭的水份瀝乾（可將其保留，很適合加入果昔）。將椰漿倒入碗中，攪拌至滑順蓬鬆，約 30 秒。用打發椰漿、石榴籽或兩者共同裝飾。密封可冷藏保存 5 天。

蝴蝶餅與鹹楓糖胡桃塔

純素、無麩質、無乳製品

任何大量撒上海鹽片的食物，都令我難以招架。你可能有注意到我在任何巧克力或焦糖口味的產品都會撒上海鹽片——它能替甜點增添難以抗拒的的甜度，並帶出一些經常被忽略的風味。這款食譜的鹽有兩種用法：裹在被壓碎製成塔皮的蝴蝶餅上、用海鹽形式大量撒在表面，搭配每口都咬得到的胡桃。海鹽與楓糖漿的味道神奇結合，削弱了甜度。放上打發椰漿，便是足以端上晚餐派對的優雅甜點。它是如此美味，讓你在派對結束後還會想從冰箱偷切來吃！

烤箱預熱至 175°C。將 9 吋活底塔模刷上椰子油。

製作塔皮： 將蝴蝶餅放入調理機瞬轉打碎，但不要變細粉。

將椰子油和楓糖漿倒入大型攪拌盆混合均勻。加入蝴蝶餅碎片、椰子粉和鹽，混合至麵團盡可能光滑。將麵團均勻壓入備用塔模的底部和邊緣，可用平底量杯輔助。

烘烤約 6 分鐘，至塔皮定型但未上色。讓塔皮在鐵網上完全冷卻，同時準備內餡。

製作內餡： 將椰糖、楓糖漿和椰子油倒入小湯鍋。以中小火加熱，持續攪拌避免燒焦，煮至開始沸騰。轉成小火，煨煮約 2–3 分鐘。將鍋子離火，稍微冷卻。

待續

準備時間：30分鐘
烘焙時間：30分鐘
總時間：約1小時
份量：10片

....

塔皮

1/3杯（25g）無麩質蝴蝶餅（pretzels）

1/3杯（67g）精製椰子油，融化

1/4杯（85g）純楓糖漿

1杯（128g）椰子粉

1/4茶匙猶太鹽

內餡

1/2杯（120g）椰糖

1/4杯（85g）純楓糖漿

1/4杯（50g）精製椰子油，融化

1/3杯植物奶，如無糖杏仁奶／椰奶

2湯匙亞麻籽粉

2茶匙木薯粉

1茶匙純香草精

1/2茶匙猶太鹽

1 1/4杯胡桃略切

1茶匙海鹽片

同時，將植物奶、亞麻籽粉、木薯粉、香草和猶太鹽倒入小碗混合。

將植物奶混合物倒入稍微冷卻的糖漿混合物，攪拌均勻。拌入胡桃碎。將內餡倒入塔皮，均勻鋪平。

將塔模置於烤盤，烘烤約 25 分鐘，至內餡炙熱冒泡。烘烤 15 分鐘時，檢查塔皮是否上色，蓋上鋁箔紙避免過度上色。

讓塔在鐵網上完全冷卻，至少 2 小時。撒上海鹽即可上桌。放入密封盒，可冷藏保存 5 天。

第四章

餅乾類

成功的秘訣：

為了確保想吃的時候，隨時有餅乾在手邊，我會製作一批麵團，捏成小球，放在鋪有烘焙紙的盤子／小烤盤，冷凍數小時至麵團變硬。完成後，放入夾鏈袋、標上名稱、製造日期、烘烤溫度和時間。想吃的時候，只要拿出來烘烤，時間多加 2 分鐘即可。這個方式適用於本章節所有的滴甜餅乾（drop cookies），冷凍可保存約 6 個月。

　　餅乾挖杓最能確保餅乾大小一致！本書裡的所有滴甜餅乾，都是用 OXO 品牌的中型餅乾挖杓，能裝約 1½ 湯匙的麵團，餅乾直徑約 6-7 公分。若偏好用不同大小的挖杓也可以，記得烘烤時間要對應調整。

　　餅乾麵團的風味幾乎都是冷藏後更佳，因為可以使味道融合、幫助餅乾體烤得更厚。若時間允許，烘烤前讓麵團冷藏至少 1 小時（或最多 48 小時）。

　　將烤盤鋪上烘焙紙／矽膠墊，這樣能避免餅乾過度擴散。

　　雖然一次烤好所有餅乾聽起來很誘人，但每次只烤一盤、放在烤箱中間的層架，效果最好。

原始人巧克力豆餅乾

原始人、無穀類、純素、無麩質、無乳製品

每當有人問我：「應該先嘗試部落格的哪一款食譜？」都會得到相同的答案：原始人巧克力豆餅乾。當我詢問 Instagram 的朋友，希望網站上的哪些食譜被收錄在書中，這個食譜也是目前最多人提到的。這也是我會重複做的少數食譜之一，無論家中有多少其他甜點（呃，即便只是為了吃麵團）。我就是無法抗拒那香濃酥脆的邊緣，以及充滿融化巧克力的麵團中心。這款餅乾可以用亞麻籽素蛋做成純素版（麵團本身就很好吃！），很適合給堅信自己「不喜歡無麩質甜點」的人。

將椰糖和椰子油倒入大碗 / 桌上型攪拌機搭配槳狀攪拌器，攪打至滑順。加入蛋和香草，攪拌均勻。

將杏仁粉、小蘇打粉、鹽加入濕性食材。攪拌混合後，拌入切塊的巧克力。包上保鮮膜，冷藏至少 1 小時、最多 48 小時，讓風味有時間融合（若趕時間，可以省略冷卻麵團的步驟）。

烤箱預熱至 175°C。將烤盤鋪上烘焙紙。

用餅乾挖杓 / 湯匙做出圓形麵團，放到烤盤上，稍微壓平。若想要可撒上些許海鹽片。烘烤 10–12 分鐘，至邊緣呈金黃色，確切時間依餅乾大小而定。

烤好的餅乾放入密封罐，可於室溫保存 5 天。

準備時間：10分鐘
烘焙時間：10分鐘
總時間：20分鐘（外加冷卻1小時，非必要）
份量：12-20個餅乾，依尺寸而定

1/3 杯（96g）椰糖
1/2 杯（100g）精製椰子油，常溫
1份亞麻籽素蛋（見秘訣）/1 大顆蛋，常溫
1茶匙純香草精
2 1/4 杯（216g）去皮杏仁粉
1/2 茶匙小蘇打粉
1/2 茶匙猶太鹽
170g苦甜巧克力，切塊（約1杯）
海鹽片，點綴用（非必要）

秘訣

製作1份亞麻籽素蛋：將1湯匙亞麻籽粉和2 1/2 湯匙水混合。攪拌均勻，於室溫靜置約10分鐘，至形成膠狀。

準備時間：15分鐘
等待時間：1小時
烘焙時間：12分鐘
總時間：約1.5小時
份量：15片

覆盆子果醬

1杯新鮮/冷凍覆盆子
1湯匙奇亞籽

餅乾

1½杯（144g）去皮杏仁粉
¼杯（50g）精製椰子油，融化
¼杯（85g）純楓糖漿
¼茶匙猶太鹽
¼滿杯無殼開心果

秘訣

製作少量果醬有點難度。
食譜的1份果醬可用在2份餅
乾，所以會剩下一些果醬，
可隨意使用。

開心果指印餅乾佐覆盆子果醬

原始人、無穀類、純素、無麩質、無乳製品

對許多人來說，烘焙會聯想到懷舊感。無論是想起和父母或祖父母一起，從頭開始烘焙的回憶（像是我小時候跟媽媽一起烘焙的時光），或是記起那段做條狀切片餅乾的簡單日子，烘焙似乎是會激起很多情感的活動。我想許多人大概都記得兒時做指印餅乾的回憶——我記得總是在夏令營的烘焙課做這道點心。它們通常很簡單、隨時都能做，並且非常美味。這個版本完全符合條件，開心果替餅乾增添很棒的酥脆口感、酸甜的覆盆子使整體味道更鮮明。它們也許會成為你的小孩在數十年後，深深印在心裡的指印餅乾！

製作覆盆子果醬： 於中型湯鍋內，將覆盆子稍微壓碎，以中火煮至微滾，經常攪拌。約 5 分鐘後，覆盆子會開始解體。加入奇亞籽，攪拌混合，調成中小火。不用上蓋繼續熬煮，持續攪動，避免鍋底燒焦，至稍微變濃稠，約 5 分鐘。關火，果醬冷卻時會變得更濃稠。

當果醬溫熱或稍微冷卻後，倒入小型玻璃瓶 / 碗，冷藏至完全冷卻，同時準備麵團。

製作餅乾： 將杏仁粉、椰子油、楓糖漿、鹽倒入攪拌盆，攪拌至完全混合、形成黏稠麵團。整型成球狀，包上保鮮膜，冷藏至少 1 小時、最多 24 小時。

待續

烘烤前，將烤箱預熱至 190°C。烤盤鋪上烘焙紙。

將開心果放入裝有金屬刀片的食物調理機／高速攪拌機。用瞬轉將堅果打碎，得到約 ¼ 杯開心果碎。將其撒在工作檯／盤子上。

將冷卻的麵團捏成 15 個小球，每個份量約 1 大湯匙。將小球放在開心果上攤開，排列在烤盤上，每個間距約 5 公分，因為會擴散。用大拇指／小型鈍狀工具，於麵團中央壓出凹槽（我用雞尾酒搗棒的圓形鈍端）。將 1 茶匙覆盆子果醬填入每個凹槽。

烘烤 12–14 分鐘，至餅乾邊緣呈現金黃色。讓餅乾在烤盤上冷卻 5 分鐘，再移到鐵網上完全冷卻。將成品放入密封罐，可於室溫保存 5 天。

白巧克力夏威夷豆餅乾

原始人、無穀類、純素、無麩質、無乳製品

白巧克力夏威夷豆餅乾一直是我最愛的餅乾之一，與巧克力豆餅乾並列。濃郁奶油味的夏威夷豆搭配香甜芬芳的白巧克力，鎖入甜麵團中，對於我這種餅乾迷簡直是天堂。但自從戒斷乳製品後，白巧克力是個問題。測試食譜的過程中，當我成功研發適用於烘焙的自製白巧克力（230頁）食譜後，這款餅乾是我必做的食譜。它們鬆軟濃郁，絕對能滿足你的味蕾。

將椰糖和椰子油倒入大碗／桌上型攪拌機搭配槳狀攪拌器，攪打至滑順。加入蛋和香草，攪拌均勻。

把杏仁粉、鹽、小蘇打粉加入濕性食材。攪拌混合，拌入切塊的白巧克力和夏威夷豆。包上保鮮膜，冷藏至少1小時、最多48小時。

烘烤前，將烤箱預熱至175°C。烤盤鋪上烘焙紙。

用餅乾挖杓將麵團做成餅乾形狀，放到烤盤上，稍微壓平。烘烤10–12分鐘，至邊緣開始轉成金黃色。

讓餅乾在烤盤上冷卻10分鐘，再移到鐵網上完全冷卻。

放入密封罐，可於室溫保存5天。

準備時間：10分鐘
等待時間：1小時
烘焙時間：10分鐘
總時間：1小時20分鐘
份量：15–20片，依大小而定

½杯（100g）精製椰子油，常溫
²/₃杯（96g）椰糖
1份亞麻籽素蛋（見秘訣）/1大顆
　　蛋，常溫
1茶匙純香草精
2杯＋2湯匙（204g）去皮杏仁粉
½茶匙猶太鹽
½茶匙小蘇打粉
85g非乳製白巧克力（見秘訣），
　　切塊
½杯切碎烤夏威夷豆

待續

秘訣

- 這些餅乾使用我的「自製白巧克力」（230頁）食譜，亦可購買現成的非乳製白巧克力，通常可以在超市的猶太食品區或網路上找到。市售的白巧克力通常很甜，最好要先試吃。若發現太甜，我建議將椰糖用量縮減至½杯。
- 製作1份亞麻籽素蛋：將1湯匙亞麻籽粉和2½湯匙水混合。於室溫靜置約10分鐘，至形成膠狀。

準備時間：20分鐘
等待時間：30分鐘
烘焙時間：20分鐘
總時間：約1小時10分鐘
份量：20塊

餅乾

1杯（96g）去皮杏仁粉

¼杯（32g）葛粉

⅛茶匙海鹽

3湯匙（63g）純楓糖漿

2湯匙精製椰子油/印度酥油（見秘訣），融化

½茶匙純香草精

½杯（56g）切細碎胡桃

巧克力沾醬

85g苦甜巧克力，切塊/豆狀（約6湯匙）

2茶匙精製椰子油/可可脂（見秘訣）

海鹽片，點綴用（非必要）

巧克力胡桃月牙餅乾

原始人、無穀類、純素、無麩質、無乳製品

小時候我在自學烘焙的期間，讀了很多食譜書，認真嘗試不同甜點。我最喜歡的是一款月牙餅乾，出自媽媽廚房裡的一本舊食譜書，我很愛它的口感和奇特形狀。我當時做的版本，將胡桃加入奶油感的厚實麵團，最後淋上牛奶巧克力。這款巧克力胡桃月牙餅乾，是我的現代再造版，塞滿胡桃碎，再浸入巧克力（這次是黑巧克力）。若不是嚴格執行非乳製品/純素飲食，可以用印度酥油代替椰子油，會添加香濃的奶油味，讓人口水直流。這款餅乾很適合當作節慶禮物，若你願意與人分享的話，就是它了！

將烤盤鋪上烘焙紙。

製作餅乾：將杏仁粉、葛粉、鹽倒入大碗/桌上型攪拌機搭配槳狀攪拌器，混合均勻。加入椰子油、楓糖漿、香草，攪拌均勻。拌入 ¼ 杯切碎胡桃。

將 2 茶匙麵團捏成半月形，厚度約 0.6 公分，排列在烤盤上。重複步驟，製成約 20 個月牙餅乾。若想要餅乾更扁或更平整，可以用桿麵棍將表面稍微桿過（葡萄酒瓶也可以）。冷藏至少 30 分鐘、最多 24 小時。

烘烤前，將烤箱預熱至 160°C。

將剩餘 ¼ 杯胡桃碎壓入餅乾表面。我是將胡桃碎倒入盤子，將每個餅乾的上半部壓入胡桃。

待續

烘烤 20–24 分鐘，至邊緣呈金黃色。烘烤越久就會越脆，要密切注意時間。取出餅乾，留在烤盤上完全冷卻。

製作巧克力沾醬：待餅乾完全冷卻後，將巧克力和椰子油倒入可微波容器，加熱約 1 分鐘後攪拌。若尚未完全融化，再次加熱 30 秒並攪拌。可能會需要加熱第三次。

將另一半不含胡桃的餅乾沾上巧克力。讓多餘的巧克力滴落，放回鋪有烘焙紙的烤盤上，重複步驟至完成全部餅乾。若想要可以撒上海鹽片點綴。

將餅乾放入冷藏至少 10 分鐘，使巧克力定型再上桌。放入密封罐，可冷藏保存 1 週、冷凍 3 個月。

秘訣

- 製作無乳製品和純素版本，使用椰子油，而非印度酥油。
- 若手邊沒有巧克力沾醬，我建議用可可脂替代。因為可可脂的融點比椰子油高，室溫下能夠定型並維持酥脆口感。

無堅果巧克力豆餅乾

原始人、無穀類、無堅果、純素、無麩質、無乳製品

這款巧克力豆餅乾風味濃郁迷人，帶有巧克力塊和有嚼勁的口感，對於過敏體質者也是超級友善！它們源自於我受託製作無杏仁粉的巧克力豆餅乾，因此這款食譜改用椰子粉。許多椰子粉製成的成品會偏乾、容易散開，因為椰子粉的高吸水性（約比其他麵粉多三倍！），但這個食譜只使用 1/3 杯，成品還是很濃郁、扎實，完全不會散開。這個食譜使用亞麻籽素蛋做成純素、用中東芝麻醬／葵花籽醬製成無堅果版本。若不會對堅果過敏，可用任何堅果醬替代。

烤箱預熱至 175°C。將烤盤鋪上烘焙紙。

將椰子油、葵花籽醬、椰糖倒入大碗／桌上型攪拌機搭配槳狀攪拌器，攪拌至滑順。加入亞麻籽素蛋和香草，攪拌均勻。

將椰子粉、小蘇打粉、鹽加入濕性食材。充分攪拌混合，拌入切塊的巧克力。

用餅乾挖杓做出餅乾形狀，排列在烤盤上，間距 5 公分。若想要可撒上些許海鹽片。烘烤 10 分鐘，至邊緣開始轉成金黃色。

讓餅乾在烤盤上冷卻 5 分鐘，再移到鐵網上完全冷卻。放入密封罐，可於室溫保存 5 天。

待續

準備時間：10分鐘
烘焙時間：10分鐘
總時間：20分鐘
份量：10片

....

½杯（100g）精製椰子油，軟化（見秘訣）

1/3 杯（85g）葵花籽醬/中東芝麻醬（tahini）（見秘訣）

2/3 杯（96g）椰糖

2份亞麻籽素蛋（見秘訣）

1茶匙純香草精

1/3 杯（43g）椰子粉

½茶匙小蘇打粉（若使用葵花籽醬，將小蘇打粉用量減至¼茶匙，避免冷卻後變綠色！）

½茶匙猶太鹽

113g苦甜巧克力，切塊（約2/3杯）

海鹽片，裝飾用（非必要）

秘訣

- 椰子油的質地應該要像軟化奶油。若太軟或融化，表示廚房過熱，放入冷藏15-20分鐘，直到變硬。
- 我發現葵花籽醬的風味比中東芝麻醬更低調溫和，但缺點是可能會讓成品變綠色！口味不會被影響，只是外觀不佳，這是選用原料時要注意的重點。照片的餅乾是用中東芝麻醬。我不覺得芝麻醬的味道特別明顯，但堅果味的確比較重。因此，使用中東芝麻醬前，先試吃確保味道是喜歡的。某些品牌的中東芝麻醬會偏苦，這樣成品多少會被影響。
- 製作2份亞麻籽素蛋：將2湯匙亞麻籽粉和5湯匙水混合。於室溫靜置約10分鐘，至形成膠狀。

準備時間：10分鐘

烘焙時間：10分鐘

總時間：20分鐘

份量：12片

- - - - - - - - - - - - - - - -

¼杯（50g）精製椰子油，軟化

3湯匙（48g）滑順花生醬

½杯（72g）椰糖

1份亞麻籽素蛋（見秘訣）/1大顆
　蛋，常溫

1茶匙純香草精

1¼杯（124g）去皮杏仁粉

½茶匙海鹽

½茶匙小蘇打粉

½杯洋芋片，稍微壓碎

56g苦甜巧克力，切塊/豆狀（約
　⅓杯）

¼杯蝴蝶餅，稍微壓碎

¼杯烤花生，略切

海鹽片，裝飾用（非必要）

秘訣

製作1份亞麻籽素蛋：
將1湯匙亞麻籽粉和2½湯匙水
混合。攪拌均勻，於室溫靜置約
10分鐘，至形成膠狀。

甜鹹花生醬餅乾
純素、無麩質、無乳製品

請相信我的決定。你可能會想為什麼要把洋芋片跟蝴蝶餅加到餅乾裡，但若你喜歡甜鹹口味的東西，肯定會超愛它。這款有嚼勁的美味餅乾，使用綿密花生醬製成，搭配各種可口配料：洋芋片（我喜歡用椰子油炸過的類型）、巧克力塊、鹹蝴蝶餅和烤花生。充滿酥脆扎實的口感。這是少數我會說冷了更好吃的餅乾——當餅乾還是熱的時候，洋芋片和蝴蝶餅可能會有點軟，一旦冷卻後，會再次變得酥脆。

- - - - - - - - - - - - - - - -

將烤箱預熱至175°C。將烤盤鋪上烘焙紙。

將椰子油、花生醬、椰糖倒入大碗/桌上型攪拌機搭配槳狀攪拌器，攪拌至光滑，加入蛋和香草混合均勻。

將杏仁粉、鹽、小蘇打粉加入濕性食材，攪拌至充分混合。拌入洋芋片、巧克力塊、蝴蝶餅和花生。

用大型餅乾挖杓/湯匙，做出圓形餅乾。置於烤盤上，稍微壓平。若想要可撒上些許海鹽片。烘烤10–12分鐘，至邊緣呈金黃色。

讓餅乾在烤盤上冷卻10分鐘，再移到鐵網上完全冷卻。我建議完全冷卻後再食用風味最佳。

放入密封罐，可於室溫保存5天。

準備時間：10分鐘
等待時間：30分鐘
烘焙時間：9分鐘
總時間：約50分鐘
份量：12片

餅乾

2湯匙精製椰子油，稍微軟化（見
　秘訣）
2湯匙滑順杏仁醬
½杯（72g）椰糖
1份亞麻籽素蛋（見秘訣）
2湯匙有機糖蜜
½茶匙純香草精
½茶匙柳橙皮屑（非必要）
1¼杯（120g）去皮杏仁粉
1茶匙薑粉
1茶匙肉桂粉
¼茶匙肉豆蔻粉
½茶匙小蘇打粉
¼茶匙猶太鹽

糖衣

2湯匙椰糖
¼茶匙肉桂粉
¼茶匙薑粉

有嚼勁的薑餅乾

原始人、無穀類、純素、無麩質、無乳製品

當我吃到這款酥脆薄餅乾的瞬間，立刻就愛上它了。充滿節慶感的糖蜜、橙皮、溫暖香料，成為我吃過最好的節慶餅乾之一。將麵團裹上肉桂、薑和椰糖的外衣，創造出每一口都濃郁酥脆的餅乾。祝你好運能忍住只吃一片！

製作餅乾：將椰子油、杏仁醬、椰糖倒入大碗，充分混合，約1分鐘。加入亞麻籽素蛋攪拌，再拌入糖蜜、香草、（橙皮）。

另取一個碗，混合杏仁粉、薑粉、肉桂粉、肉豆蔻、小蘇打粉、鹽。將乾性食材加入糖蜜混合物，攪拌均勻，至麵團成形，用手輕捏不會散開。

將麵團放入冷藏至少30分鐘、最多48小時，如此能更容易操作。

烘烤前，將烤箱預熱至175˚C。烤盤鋪上烘焙紙。

用中型餅乾挖杓（我的大約可裝1½湯匙麵團）/湯匙，將麵團做成球狀。用雙手搓揉成圓球，放入椰糖混合物，裹上糖衣。將麵團排列在烤盤上，間隔5公分。確保預留空隙，因為餅乾烘烤時會擴散。

烘烤9–11分鐘，至餅乾呈金黃色、邊緣上色更深。表面可能會有裂痕，這是正常的。上桌前，讓餅乾在烤盤上完全冷卻。放入密封罐，可保存5天。

秘訣

- 椰子油的質地應該要像軟化奶油。若太軟或融化，表示廚房過熱，放入冷藏15-30分鐘，直到變硬。
- 製作1份亞麻籽素蛋：將1湯匙亞麻籽粉和2½湯匙水混合。攪拌均勻，於室溫靜置約10分鐘，至形成膠狀。

準備時間：12分鐘
烘焙時間：18分鐘
總時間：30分鐘
份量：4-6份

．．．．．．．．．．．．．．．

1/3杯（48g）椰糖
3湯匙椰子油，軟化（見秘訣）
2湯匙滑順杏仁醬
1份亞麻籽素蛋（見秘訣）
1茶匙純香草精
2/3杯（64g）去皮杏仁粉
1/4杯（24g）生可可粉
1/4茶匙小蘇打粉
1/4茶匙猶太鹽
56g苦甜巧克力，切塊（約1/3杯）
海鹽片（非必要）

雙倍巧克力鑄鐵鍋餅乾

原始人、無穀類、純素、無麩質、無乳製品

當你想吃超級濃郁、誘人、充滿巧克力的甜點，這款鑄鍋餅乾絕對不會讓你失望。將巧克力塊混入巧克力麵團中，使它充滿濃郁巧克力味。由於用鑄鐵鍋烘烤，很適合多人分食。趁熱吃絕對最美味，若是冷掉可以隨時再加熱。我很推薦撒上海鹽片，更幫助中和濃厚的巧克力味。製作花生醬的版本，可用花生醬代替杏仁醬，烘烤前將 2 湯匙花生醬拌入麵團。搭配一球冰淇淋或淋上「熱乳脂軟糖醬」（279頁），會讓成品更驚豔！

．．．．．．．．．．．．．．．

烤箱預熱至 175°C。將 16 公分鑄鐵鍋 / 2-3 個 3 吋烤皿稍微刷上椰子油。

將椰糖、椰子油、杏仁醬倒入攪拌盆混合，約 1 分鐘。加入亞麻籽素蛋和香草，攪拌至滑順。

把杏仁粉、生可可粉、小蘇打粉、鹽加入濕性食材，攪拌至滑順。拌入切塊巧克力。

將麵團壓入鑄鐵鍋，若想要可撒上海鹽片。

烘烤 16-18 分鐘：烤 16 分鐘會偏黏稠、烤 18 分鐘會較堅硬。將鑄鐵鍋放在鐵網上冷卻 5 分鐘。直接以鑄鐵鍋上桌，冷熱皆可享用。

取出鍋內剩餘的餅乾，包上保鮮膜，可冷藏保存 5 天。

秘訣

- 椰子油的質地應該要像軟化奶油。若太軟或融化，表示廚房過熱，放入冷藏15-20分鐘，直到變硬。
- 製作1份亞麻籽素蛋：將1湯匙亞麻籽粉和2½湯匙水混合。攪拌均勻，於室溫靜置約10分鐘，至形成膠狀。
- 若想要提前做好之後再烤，將裝有麵團的鑄鍋用保鮮膜包起來，可冷藏保存24小時。

黑巧克力開心果小荳蔻餅乾

原始人、無穀類、純素、無麩質、無乳製品

這款餅乾永遠吃不膩！它們是如此柔軟、富含風味，獨特到讓人停不了口，讓風味在舌尖上舞動。第一次測試這款食譜時，我根本停不下來，直到吃掉三塊，那時才出爐不到一小時，糟糕。開心果的脆度與小荳蔻的柑橘香氣美妙融合，巧克力則增添了美味的濃郁感。由於食譜用亞麻籽素蛋製成純素，餅乾的口感非常鬆軟厚實。沾上杏仁奶、開心果奶或一杯熱茶，準備好前往餅乾天堂！

- -

將椰糖和椰子油倒入大碗 / 桌上型攪拌機搭配槳狀攪拌器，用中速攪打至蓬鬆。加入亞麻籽素蛋和香草，攪拌至充分混合。若想要，可以將食材放入攪拌盆，用牢固的湯匙攪拌。

將杏仁粉、小荳蔻、小蘇打粉、鹽加入濕性食材，以機器中低速 / 手動攪拌至完全融合。拌入巧克力塊和開心果。

包上保鮮膜，冷藏至少 1 小時、最多 24 小時。冷卻時間能使風味融合、小荳蔻的香氣進入麵團。

烤箱預熱至 175°C。烤盤鋪上烘焙紙。

使用中型餅乾挖杓（可裝約 40g 麵團）/ 湯匙，將麵團做成餅乾狀。將麵團排列在烤盤上，間隔 5 公分。若想要，可將更多巧克力塊 / 開心果 / 兩者壓到餅乾表面（我這麼做是為了美觀！）。烘烤 10–12 分鐘，至邊緣開始轉成金黃色。

待續

準備時間：10分鐘
等待時間：1小時
烘焙時間：10分鐘
總時間：1小時20分鐘
份量：13–15片

- -

2/3 杯（96g）椰糖

1/2 杯（100g）精製椰子油，軟化（見秘訣）

1份亞麻籽素蛋（見秘訣）

1茶匙純香草精

2¼ 杯（216g）去皮杏仁粉

1茶匙小荳蔻粉

½ 茶匙小蘇打粉

½ 茶匙猶太鹽

113g苦甜巧克力，切塊（約2/3杯），可另備裝飾用

¼ 杯無殼開心果，略切，可另備裝飾用

讓餅乾在烤盤裡冷卻 10 分鐘，再移到鐵網上完全冷卻。將餅乾放入密封罐，可於室溫保存 3 天、冷藏 1 週。

祕訣

- 椰子油的質地應該要像軟化奶油。若太軟或融化，表示廚房過熱，放入冷藏15-30分鐘，直到變硬。
- 製作1份亞麻籽素蛋：將1湯匙亞麻籽粉和2½湯匙水混合。於室溫靜置約10分鐘，至形成膠狀。

糖霜燕麥餅乾

純素、無麩質、無乳製品

這款燕麥餅乾讓我想起放學午後，撕開一包有著香甜糖霜的酥脆燕麥餅乾。不過添加更多腰果、少了很多防腐劑。這款餅乾會喚起將餅乾堆疊、浸入牛奶的美好回憶。我的版本添加了椰子油和腰果醬，因此更香濃、有嚼勁，簡單淋上糖霜讓人難以抗拒。冷藏保存，即可維持最佳的酥脆口感和誘人糖霜！

製作餅乾：將椰子油和椰糖倒入大碗，攪拌至完全混合，呈現濕潤的沙狀。拌入腰果醬和香草，接著加入蛋。不斷攪拌至麵團混合。

另取一個碗，混合燕麥片、杏仁粉、泡打粉、小蘇打粉、鹽。加入濕性食材，攪拌至完全混合。

將麵團包上保鮮膜，冷藏至少 2 小時、最多 3 天。

烘烤前，將烤箱預熱至 175°C。將 2 個烤盤鋪上烘焙紙。

用小型餅乾挖杓／湯匙做出圓球，排列在烤盤上，間隔 5 公分。用手心輕壓麵團，直徑約 4 公分。

每次烘烤 1 盤，將餅乾置於烤箱中央，烘烤 12 分鐘，或呈淺金色。讓餅乾在烤盤上完全冷卻，再連同烘焙紙移到鐵網上。

製作糖霜：攪拌椰子醬和楓糖漿。混合物可能會變稠，但植物奶會幫助稀釋。拌入微溫的植物奶，每次一湯匙，至糖霜變得滑順，亦可稀釋成淋醬。（我使用約 3 湯匙，但你的用量可能會有所增減。）

待續

準備時間：15分鐘
等待時間：2.5小時
烘焙時間：24分鐘
總時間：約3小時10分鐘
份量：約17片

餅乾

1/3 杯（67g）精製椰子油，稍微軟化（見秘訣）
2/3 杯（96g）椰糖
1/4 杯（64g）腰果醬
1茶匙純香草精
1份亞麻籽素蛋（見秘訣）/1大顆蛋，常溫
3/4 杯（72g）無麩質燕麥片
1杯＋2湯匙（108g）去皮杏仁粉
1/2茶匙泡打粉
1/2茶匙小蘇打粉
1/2茶匙猶太鹽

糖霜

1/4杯椰子醬，融化
1湯匙純楓糖漿
最多4湯匙植物奶，如無糖杏仁奶，微波加熱

用湯匙將糖霜淋在餅乾上，讓多餘糖霜滴落到烘焙紙上。冷藏至少 30 分鐘，讓糖霜定型。

秘訣

- 椰子油的質地應該要像軟化奶油。若太軟或融化，表示廚房過熱，放入冷藏15–30分鐘，直到變硬。
- 製作1份亞麻籽素蛋：將1湯匙亞麻籽粉和2½湯匙水混合。攪拌均勻，於室溫靜置約10分鐘，至形成膠狀。

自製全麥餅乾

原始人、無穀類、純素、無麩質、無乳製品

當我替這本書測試食譜時，每次與朋友見面都會帶著點心，使創作得到回饋。某天，我和朋友吉兒（Jill）一起吃午餐，隨身的甜點有「原始人香草棉花糖」（245頁）和「自製巧克力」（231頁）。午餐過後沒多久，她傳給我一個影片，正式要求書中必須收錄自製全麥餅乾，才能完成原始人飲食的烤棉花糖巧克力夾心餅（s' mores）。於是有了這款全麥餅乾，和記憶中的一樣酥脆、近乎原味，帶有一抹肉桂香。很適合製作烤棉花糖巧克力夾心餅。

將杏仁粉、椰子粉、木薯粉、椰糖、泡打粉、肉桂粉和鹽倒入攪拌盆，攪拌至徹底混合、沒有結塊。

另取一個可微波碗，混合楓糖漿、椰子油、植物奶。加熱30秒，攪拌至椰子油完全融化。必要時，可重複此步驟。

將濕性食材加入乾性食材，攪拌至乾性食材被完全包覆，輕壓時麵團不會散開。若麵團看起來不夠濕潤，繼續攪拌就會成型。

將麵團置於烘焙紙/矽膠墊上。將麵團壓成長方形，蓋上另一張烘焙紙。隔著紙將麵團桿成約25x32公分、厚度0.3公分的長方形。若餅乾太厚，會不夠酥脆。必要時，將邊緣修剪、用於填補四周缺縫，再次將麵團桿平。無麩質烘焙的好處之一就是麵團不會因為重新桿開而變硬。

準備時間：45分鐘
等待時間：1小時
烘焙時間：10分鐘
總時間：約2小時
份量：20片

1½杯（144g）去皮杏仁粉
2湯匙椰子粉
2湯匙木薯粉
2湯匙椰糖
1茶匙泡打粉
1茶匙肉桂粉
¼茶匙猶太鹽
2湯匙純楓糖漿
2湯匙精製椰子油，軟化
1湯匙植物奶，如無糖杏仁奶/椰奶

秘訣

剩料怎麼辦？將餅乾放入調理機瞬轉攪拌，製成全麥餅乾塔皮，可用在派和聖代，或撒在其他甜點上裝飾。

待續

使用尺和刀子 / 披薩刀，將麵團切成 6 公分方形，總共約 20 個餅乾。將餅乾稍微分開，排列在鋪有烘焙紙的烤盤上。

避免將麵團切穿，用刀子 / 披薩刀輕輕地劃過方形的中央，仿製半片全麥餅乾的外觀。用叉子將麵團輕輕戳洞，記得一樣不要戳穿。

將麵團放入冷藏 1 小時後，烤箱預熱至 175°C。

烘烤 10–12 分鐘，至呈現淺金黃色。剛出爐會有點軟，但在烤盤上冷卻時會逐漸變硬。將冷卻的餅乾從烤盤上拿起。

將全麥餅乾放入密封袋 / 密封容器。於烘烤 3 天內享用，口感最酥脆。

蔓越莓柳橙開心果餅乾

原始人、無穀類、純素、無麩質、無乳製品

慶祝節慶時，若想從滿滿的巧克力和焦糖中休息一下，卻仍然想要充滿氣氛的美味點心，這款清爽柔軟的餅乾就是最好的節慶選擇。添加少量蜂蜜帶來花香甜味，完美搭配新鮮橙皮和肉桂，有嚼勁的蔓越莓和酥脆奶香的開心果，讓口感更提升。表面撒上粗糖，讓成品更加耀眼——很適合各大節慶（或任何其他日子）的餅乾拼盤！

烤箱預熱至 175°C。將 1 個大型 / 2 個小型烤盤鋪上烘焙紙。

將椰糖和椰子油倒入大碗 / 桌上型攪拌機搭配槳狀攪拌器，攪打至充分混合、稍微蓬鬆。加入蜂蜜、蛋、橙皮、香草，混合均勻。

另取一個碗，混合杏仁粉、小蘇打粉、肉桂粉、鹽。將乾性食材倒入濕性食材，攪拌均勻，至沒有任何乾性食材結塊殘留。拌入開心果和蔓越莓乾。（若想要之後再烤，包上保鮮膜，放入冷藏最多 24 小時）

用中型餅乾挖杓（我的大約可裝 1½ 湯匙麵團）/ 湯匙，做出圓形麵團。排列在烤盤上，間隔 5 公分，因為餅乾烘烤會膨脹。若想要，可撒上額外開心果碎和粗糖點綴。

準備時間：15分鐘
烘焙時間：10/20分鐘
總時間：25/35分鐘
份量：18片

½杯（100g）精製椰子油，稍微軟化（見秘訣）
¼杯（36g）椰糖
3湯匙蜂蜜/純楓糖漿（純素使用楓糖漿）
1份亞麻籽素蛋（見秘訣）/1大顆蛋，常溫
1顆柳橙皮屑
½茶匙純香草精
2½杯（240g）去皮杏仁粉
1¼茶匙小蘇打粉
1茶匙肉桂粉
¼茶匙海鹽
½杯無殼開心果
¼杯蔓越莓乾，略切（見秘訣）
1–2湯匙粗糖，裝飾用（非必要）

待續

每個烤盤烘烤 10 分鐘，至邊緣定型、呈金黃色。讓餅乾在烤盤上冷卻 10 分鐘，再移到鐵網上完全冷卻。若使用 2 個烤盤，重複此步驟。

將餅乾放入密封罐，可於室溫保存 3 天、冷藏 1 週。我偏好冷藏的狀態！

秘訣

- 椰子油的質地應該要像軟化奶油。若太軟或融化，表示廚房過熱，放入冷藏15–30分鐘，直到變硬。
- 製作1份亞麻籽素蛋：將1湯匙亞麻籽粉和2½湯匙水混合。攪拌均勻，於室溫靜置約10分鐘，至形成膠狀。
- 我會選用以蘋果汁調味的蔓越莓乾，而非蔗糖調味。我最喜歡的品牌是「自然製成」（Made in Nature）。

椰子椰棗馬卡龍

原始人、無穀類、純素、免烤、無麩質、無乳製品

椰棗是神奇的小水果。外表呈褐色帶有皺摺，內在卻充滿焦糖般的甜味，咬下去帶有嚼勁和黏度。椰棗在這裡提供了製作椰子馬卡龍需要的甜度和黏性，並加入特有的風韻。這款馬卡龍沾上並淋上巧克力，再撒上些許海鹽片，幫助緩和椰棗焦糖的甜味。若你喜歡椰棗和馬卡龍，這款甜點可能使你美夢成真！值得注意的是，並非所有的椰棗都適用：確保選用新鮮、圓潤的椰棗。若乾掉了，就無法創造出這裡追求的焦糖糊狀口感。若椰棗感覺有點乾，使用前用熱水浸泡 10-15 分鐘，使果肉豐腴一點。

將烤盤鋪上烘焙紙。

將去籽椰棗、熱水、椰子油、猶太鹽倒入高速攪拌機（我用 Vitamix）/ 裝有金屬刀片的食物調理機，攪拌成類似焦糖的濃稠糊狀，將容器邊緣的食材往下刮，確保食材充分攪拌。若沒有攪拌機，亦可用牢固的湯匙攪拌成糊狀。

若椰子絲較大，稍微切小一點。將椰子絲放入攪拌盆，倒入椰棗混合物，充分攪拌至椰子絲完全混合。

使用小型餅乾挖杓 / 湯匙，做出 15 個馬卡龍。將麵團排列在備用烤盤，放入冰箱約 30 分鐘定型。

將巧克力放入小型可微波容器，加熱 1 分鐘後攪拌。接著每次加熱 15 秒，取出攪拌，至巧克力完全融化。（可能需要重複 5-6 次。巧克力不會完全融化，但攪拌時會變成液態。）

待續

準備時間：15分鐘
等待時間：30分鐘
總時間：45分鐘
份量：14-16份

- 1杯（約8大顆）帝王椰棗，去籽略切
- ½杯熱開水
- 3湯匙精製椰子油，軟化
- ½茶匙猶太鹽
- 2½杯無糖椰子絲
- 113g苦甜巧克力，切碎（約⅔杯）
- 1茶匙海鹽片，可另備更多

當馬卡龍成型後，將底部沾上融化巧克力，輕輕地刮去多餘的巧克力，放回相同的烤盤上。用打蛋器 / 叉子 / 擠花袋，將剩餘的巧克力淋在表面。

撒上海鹽片，放回冷藏使巧克力凝固。

將成品放入密封罐，可冷藏 1 週、冷凍 1 個月。

巧克力花生醬奶油酥餅

無穀類、純素、無麩質、無乳製品

小學一年級時,我和朋友加入了學校的女童軍團。身為一名嗜甜的小孩,我等不及拿到那些女童軍餅乾。無論我賣了多少餅乾給其他人,我會叫爸媽等量購買我最愛的餅乾,儲存在家中的冷凍庫,這樣整年都有餅乾可以吃。我當時是巧克力花生醬的愛好者(如今仍是),所以總是想吃用巧克力覆蓋的花生醬奶油酥餅。所幸,我可以用無麩質、無穀類和純素原料,重現我最愛的餅乾。這款酥餅滿足我對酥脆感和花生醬的渴望。若想要,可以像我小時候一樣,用牙齒將餅乾上的花生醬刮下。

將烤盤鋪上烘焙紙。

製作餅乾:將杏仁粉、葛粉,鹽倒入大碗/桌上型攪拌機搭配槳狀攪拌器混合。加入楓糖漿、椰子油、香草,攪拌混合。

將 2 茶匙麵團做成圓餅形,直徑約 5 公分、厚度 0.6 公分,排列在烤盤上。重複步驟,做出約 15 個餅乾。冷藏至少 30 分鐘、最多 24 小時。

烘烤前,將烤箱預熱至 160°C。

烘烤 20–22 分鐘,至邊緣呈金黃色。烘烤越久會越酥脆,請小心注意時間。若喜歡脆餅乾,請注意不要烤過頭。取出餅乾,留在烤盤上完全冷卻。

準備時間:20分鐘
等待時間:40分鐘
烘焙時間:20分鐘
總時間:1小時20分鐘
份量:15片

餅乾
1杯(96g)去皮杏仁粉
1/4杯(32g)葛粉
1/8茶匙猶太鹽
3湯匙(63g)純楓糖漿
2湯匙精製椰子油,融化
1/2茶匙純香草精

花生醬內餡
2/3杯滑順花生醬
2湯匙純楓糖漿
1湯匙椰子粉
1/2茶匙猶太鹽(若使用鹹花生醬可省略,或依口味添加)

巧克力沾醬
85g苦甜巧克力,切塊/豆狀(約1/2杯)
2茶匙軟化精製椰子油/可可脂
海鹽片,裝飾用(非必要)

待續

製作花生醬內餡：於攪拌盆中，混合花生醬、楓糖漿、椰子粉、（鹽）。挖取約 2 茶匙的球狀內餡，輕輕地壓入冷卻的餅乾中央，於餅乾邊緣保留一點縫隙。用指尖將內餡壓平。重複動作，完成其餘餅乾和內餡。

製作巧克力外衣：當餅乾完全冷卻、放上花生醬後，將巧克力和椰子油放入可微波容器，加熱 1 分鐘，取出攪拌。巧克力會軟化但不會變成液態。它會隨著攪拌變滑順，若沒有，再次加熱 30 秒並攪拌，至巧克力光滑、流動即可。

將餅乾表面沾上巧克力，覆蓋住花生醬。讓多餘的巧克力滑落，放回鋪有烘焙紙的烤盤，巧克力面朝上。重複步驟，至所有餅乾沾上巧克力。若想要可撒上海鹽片。

將餅乾放入冷藏至少 10 分鐘，待巧克力定型後再上桌。

放入密封罐，可冷藏保存 1 週、冷凍 3 個月。

肉桂糖小圓餅

原始人、無穀類、純素、無麩質、無乳製品

我必須承認，肉桂糖小圓餅始終不是我最愛的餅乾。我總是偏好巧克力和／或花生醬的東西，但不表示我不喜歡好吃的肉桂糖小圓餅。肉桂糖小圓餅的美味要素是什麼？務必要柔軟，酥脆的口感就不對味了。我們需要柔軟、有嚼勁的餅乾。同時必須充滿肉桂香氣，包含外層的糖衣。另一個關鍵是塔塔粉，能夠幫助創造經典肉桂小圓餅的招牌風味，還可以帶來更多口感。這款肉桂糖小圓餅符合所有標準，深受許多愛好者的支持，尤其是那鬆軟口感和香料糖衣！它們很快就能完成，因為麵團不需要冷藏！

製作餅乾：烤箱預熱至 175°C。烤盤鋪上烘焙紙。

於攪拌盆中，混合杏仁粉、椰糖、小蘇打粉、塔塔粉、鹽、肉桂粉。加入椰子油、楓糖漿、香草，攪拌至完全混合。

製作肉桂糖：另取一個碗，混合椰糖和肉桂粉。

使用餅乾挖杓／湯匙，量取約 1 大湯匙的麵團，滾成球狀，裹上肉桂糖。重複步驟，至剩餘麵團和肉桂糖用盡。

將裹上糖衣的麵團排列在備用烤盤上，間隔 5 公分。用手心／玻璃杯底部將麵團稍微壓扁，烘烤時不會過度膨脹，但要避免彼此接觸。烘烤 10 分鐘，至呈現淺金黃色。記得不要烤過頭，保持餅乾鬆軟有嚼勁的口感。

準備時間：10分鐘
烘焙時間：10分鐘
總時間：20分鐘
份量：24片

餅乾

1¾杯（168g）去皮杏仁粉
¼杯（32g）椰子粉
½茶匙小蘇打粉
½茶匙塔塔粉
½茶匙猶太鹽
½茶匙肉桂粉
⅓杯（67g）精製椰子油，融化
⅓杯（113g）純楓糖漿
1湯匙純香草精

肉桂糖

¼杯椰糖
1湯匙肉桂粉

待續

將小圓餅留在烤盤中冷卻約 10 分鐘，再移到鐵網上完全冷卻。

放入密封罐，可於室溫保存 5 天。若想要更有嚼勁，可放入冷藏。

若想要增添一點變化，可以替換糖衣的香料。
我最喜歡的選項之一是印度香料小圓餅。
使用1茶匙肉桂粉、½茶匙肉豆蔻、½茶匙薑粉、
1/3茶匙小荳蔻和少許黑胡椒，取代糖衣中的肉桂粉即可。

準備時間：10分鐘
等待時間：1小時
烘焙時間：11分鐘
總時間：1小時 20分鐘
份量：18片

½杯（100g）精製椰子油，融化

¾杯（183g）罐頭南瓜泥（見秘訣）

¾杯（108g）椰糖

1份亞麻籽素蛋（見秘訣）

2茶匙純香草精

1茶匙泡打粉

1茶匙小蘇打粉

2茶匙肉桂粉

½茶匙肉豆蔻

¼茶匙丁香粉

½茶匙猶太鹽

1杯（96g）去皮杏仁粉

⅓杯＋1湯匙（50g）椰子粉

170g苦甜巧克力塊

南瓜巧克力豆軟餅乾

原始人、無穀類、純素、無麩質、無乳製品

若你曾經幻想有種甜點一半是巧克力豆餅乾、另一半是溫暖的香料南瓜蛋糕，那麼你找到對的食譜了。這款巧克力豆軟餅乾是南瓜迷的夢想。南瓜泥帶來柔軟、蛋糕般的口感，溫暖的肉桂、肉豆蔻、丁香等香料風味貫穿整體。烘烤時的香氣讓人口水直流，所以不要抗拒趁熱試吃——融化巧克力和芬芳香料很適合搭配咖啡、印度香料拿鐵或一杯茶。

於大型攪拌盆中，混合融化椰子油、南瓜泥、椰糖、亞麻籽素蛋和香草。攪拌至完全混合、滑順。加入泡打粉、小蘇打粉、肉桂、肉豆蔻、丁香和鹽。充分攪拌，加入杏仁粉和椰子粉。攪拌至光滑麵團成型、乾性食材完全被包覆。拌入巧克力塊。

將麵團包上保鮮膜，放入冷藏至少 1 小時、最多 24 小時。不要省略這個步驟，因為麵團需要冷卻，使椰子油變硬，避免烘烤時餅乾過度膨脹。

烘烤前，將烤箱預熱至 175°C。將 2 個烤盤鋪上烘焙紙。

使用大型餅乾挖杓 / 湯匙，挖取約 18 個麵團排列在烤盤上，間隔 5 公分。稍微壓扁，烘烤 11–14 分鐘，至邊緣變得酥脆。讓餅乾在烤盤上冷卻約 10 分鐘，再移到鐵網上完全冷卻。

放入密封罐，可於室溫保存 5 天。

秘訣

• 此處要使用濃稠、無調味的南瓜泥，不能太稀或水狀。若南瓜泥太稀，倒入湯鍋以中小火加熱5－10分鐘，持續攪拌，幫助部分水分蒸發。冷卻後再使用。

• 製作1份亞麻籽素蛋：將1湯匙亞麻籽粉和2½湯匙水混合。於室溫靜置約10分鐘，至形成膠狀。

第五章

布朗尼
和
方塊點心

成功的秘訣：

方塊點心是可以預先準備好，冷凍保存的最佳甜點，所以想吃的時候，馬上就可以完成。本章節的所有食譜，只要用保鮮膜／蜂蠟膜確實包好、放入密封容器，冷凍保存都沒問題。

　　將模具鋪上烘焙紙，即可輕易將方塊點心和布朗尼脫模！我會把烘焙紙剪成模具的形狀（通常是方形），並由四個角落往中心剪一刀（約 10 公分）。接著將烘焙紙放入模具、下壓與底部緊貼。這樣要切片的時候，可以輕易取出來！

　　為了容易切片，我建議讓成品在冰箱冷卻至少 1 小時，再脫模進行切片。使用鋒利的刀子，才會切得最平均。

　　　為了使布朗尼和布朗迪帶有嚼勁，可稍微提早出爐，烤過頭成品會太乾。所有的方塊點心我都是用 8 吋方形烤盤製作。若想要多做幾份，可以將食譜加倍，使用 23x33 公分的烤盤烘烤。

準備時間：15分鐘
烘焙時間：16分鐘
總時間：約30分鐘
份量：16份

....

布朗尼
1茶匙即溶濃縮咖啡粉
2湯匙滾水
57g無糖巧克力，切塊（約1/3
　　杯）
2湯匙精製椰子油，融化
½杯（128g）滑順天然杏仁醬
1/3杯（48g）椰糖
3湯匙（63g）純楓糖漿
1份亞麻籽素蛋（見秘訣）/1大
　　顆蛋，常溫
1茶匙純香草精
1/3杯（32g）去皮杏仁粉
½杯（48g）生可可粉
2茶匙肉桂粉
¾茶匙小蘇打粉
½茶匙精製海鹽
¼茶匙卡宴辣椒粉
85g苦甜巧克力，切塊/豆狀
　　（約6湯匙）

甘納許
113g苦甜巧克力，切塊/豆狀
　　（約2/3杯）
¼杯罐裝全脂椰奶

墨西哥巧克力布朗尼
原始人、無穀類、純素、無麩質、無乳製品

我在測試本書食譜的過程中，去了一趟新墨西哥州的聖塔菲（Santa Fe）進行公路旅行。我坐在一間小巧克力店，啜飲一杯最美味、帶有些微香料味的熱巧克力——當巧克力在喉嚨裡融化後，舌尖會殘留溫暖的肉桂香與一絲卡宴辣椒味。當下我知道自己必須重現這些味道。旅行返家後，墨西哥巧克力布朗尼就此誕生。這款濃郁綿密的布朗尼，以黑巧克力風味作為前調，並在舌尖留下卡宴辣椒的尾韻。

....

烤箱預熱至 175°C。將 8 吋方形烤盤鋪上烘焙紙、稍微刷上椰子油。

製作布朗尼：於小碗中，混合濃縮咖啡粉與滾水。

將無糖巧克力和椰子油放入可微波碗容器，加熱 30 秒。攪拌並重複步驟，至兩者完全融化滑順。加入稀釋的濃縮咖啡、杏仁醬、椰糖和楓糖漿，攪拌至充分混合。拌入蛋和香草。

另取一個碗，攪拌杏仁粉、可可粉、肉桂粉、小蘇打粉、海鹽和卡宴辣椒粉。將乾性食材倒入巧克力混合物拌勻，加入巧克力塊/豆攪拌。將麵糊鋪在備用烤盤裡，盡可能保持平整。

烘烤 16–18 分鐘，至牙籤刺入中央，只有少許碎屑附著，但不會太濕潤。取出布朗尼，將烤盤放在鐵網上冷卻。

製作甘納許：將巧克力倒入小的耐熱碗。將椰奶倒入另一個碗，微波加熱 45 秒，或直到高溫冒煙即可。

將熱椰漿倒在巧克力上，靜置 2 分鐘。攪拌至滑順、巧克力融化。
將甘納許鋪在冷卻的布朗尼表面。

讓甘納許完全冷卻後，再切塊上桌。我喜歡放入冷藏，隔天再切
塊，切面會更乾淨。

放入密封容器，可於室溫保存 2–3 天、冷藏 1 週。

秘訣

製作1份亞麻籽素蛋：
將1湯匙亞麻籽粉和2½湯匙水
混合。攪拌均勻，於室溫靜置約
10分鐘，至形成膠狀。

準備時間：20分鐘

烘焙時間：50分鐘

總時間：1小時10分鐘

份量：16份

....

底座和奶酥

1¾杯（168g）去皮杏仁粉

1杯（96g）無麩質燕麥片

¼杯（32g）椰子粉

½茶匙肉桂粉

¼茶匙猶太鹽

⅓杯（113g）純楓糖漿

⅓杯（67g）精製椰子油，軟化
（見秘訣）

¼杯（64g）腰果/杏仁醬

香料核果內餡

450g 綜合核果類，如李子、水
蜜桃、甜桃，去籽、切成2.5
公分方塊
（免去皮，除非個人偏好）

3湯匙椰糖

2湯匙木薯粉

1茶匙純香草精

1½茶匙肉桂粉

1茶匙薑粉

1茶匙小豆蔻粉

¼茶匙多香果

香料核果方塊奶酥

純素、無麩質、無乳製品

夏末是我一年之中最愛的時節，溫暖的日子，漫步在農夫市集，空氣中瀰漫著新鮮草莓和熟水蜜桃的香氣。我總是會被彩虹般的桌子吸引，上頭佈滿李子、蜜李（pluots）、甜桃、水蜜桃和杏桃。沒有什麼比牙齒咬入成熟甜桃、汁液流到下巴那瞬間更好的事了。但是，這款核果方塊的風味幾乎不相上下。當你添購了新鮮核果（或只想換個口味），取一些切塊，加一點糖和溫暖香料混合，夾伴在燕麥底座和奶酥之間，烤至金黃冒泡。肉桂、薑、小荳蔻和多香果，將美味提升至另一個層次，讓人口水直流！

....

烤箱預熱至 175°C。將 8 吋方形烤盤鋪上烘焙紙、稍微刷上椰子油。

製作底座和奶酥：於攪拌盆中，倒入杏仁粉、燕麥片、椰子粉、肉桂粉和鹽攪拌混合。加入楓糖漿、椰子油和腰果醬，攪拌至乾性食材完全濕潤、黏稠、帶有稍微易碎的質地。取 1 杯麵團放入冷藏，以供奶酥使用。

將其餘麵團壓入烤盤底部，可用雙手、抹刀或湯匙背面將表面壓平。

烘烤約 10 分鐘，至底座定型、稍微上色。將烤盤放在鐵網上冷卻。

製作內餡：於中型湯鍋中，混合切塊水果、椰糖、木薯粉、香草、肉桂、薑粉、小荳蔻和多香果。以小火煨煮約 10 分鐘，經常攪拌並翻動底部，避免燒焦。將鍋子離火。

將水果混合物舀入底座，均勻地撒上預留的奶酥。

烘烤 40-45 分鐘，至奶酥呈現完美的金黃色、水果冒泡。

將烤盤放在鐵網上冷卻。降至微溫時，放入冰箱完全冷卻後再切塊。放入密封容器，可冷藏保存 4 天、冷凍 3 個月。

秘訣

椰子油的質地應該要像軟化奶油。若太軟或融化，表示廚房過熱，放入冷藏15-20分鐘，直到變硬。

準備時間：30分鐘
烘焙時間：20分鐘
總時間：50分鐘
份量：16份

餅乾麵團

¼杯（50g）精製椰子油，軟化

⅓杯（48g）椰糖

½份亞麻籽素蛋（見秘訣）

½茶匙純香草精

1杯＋2湯匙（108g）去皮杏仁
　　粉

¼茶匙小蘇打粉

¼茶匙猶太鹽

56g 迷你巧克力豆（約⅓杯）

布朗尼麵糊

56g無糖巧克力，切塊（約¼
　　杯）

3湯匙（38g）精製椰子油

⅓杯（113g）純楓糖漿

2湯匙椰糖

½杯（128g）滑順天然杏仁醬

1½份亞麻籽素蛋（見秘訣）

1茶匙純香草精

⅓杯（32g）去皮杏仁粉

⅓杯（32g）生可可粉

½茶匙小蘇打粉

½茶匙猶太鹽

餅乾布朗尼
原始人、無穀類、純素、無麩質、無乳製品

當布朗尼遇上餅乾。若你無法決定要吃罪惡的巧克力布朗尼，或是黏糊的巧克力豆餅乾，這款餅乾布朗尼就是解答。我把兩個最愛食譜結合：偏傳統的「墨西哥巧克力布朗尼」（190頁）和「原始人巧克力豆餅乾」（149頁），創造出令人難以抗拒、很適合猶豫不決時的甜點。它們非常濃郁，記得準備好一杯杏仁奶解膩，或是更棒的作法，可以搭配一球冰淇淋！

製作餅乾麵團：於攪拌盆中，充分混合椰子油和椰糖。加入亞麻籽素蛋和香草，攪拌至滑順。

將杏仁粉、小蘇打粉和鹽加入濕性食材。攪拌至充分融合，拌入迷你巧克力豆。

做出約48顆小餅乾球（每顆約1茶匙），放在鋪有烘焙紙的烤盤上。冷凍約15分鐘定型，同時準備布朗尼麵糊。

烤箱預熱至175°C。將8吋方形烤盤鋪上烘焙紙。

製作布朗尼麵糊：將無糖巧克力和椰子油放入大型可微波碗容器，加熱30秒。攪拌並重複步驟，至兩者完全融化滑順。

加入楓糖漿、椰糖和杏仁醬，攪拌均勻。加入亞麻籽素蛋和香草充分混合。加入杏仁粉、可可粉、小蘇打粉和鹽，確實攪拌。

將麵糊均勻鋪在備用烤盤裡。放入小餅乾球往下壓，使其部分浸沒在麵糊裡。

烘烤20－24分鐘，至牙籤刺入中央，只有少許碎屑附著。

等成品完全冷卻後再切塊上桌。我喜歡將烤盤放入冷藏，隔天再切塊。這樣口感會特別綿密、切面會更乾淨。

放入密封容器，可於室溫保存數天、冷藏 1 週。

準備時間：15分鐘
烘焙時間：20分鐘
總時間：35分鐘
份量：16份

．．．．．．．．．．．．．．．．．．．．．．．．．．

布朗迪

½杯（128g）滑順花生醬

¼杯（50g）精製椰子油，融化

¼杯（36g）椰糖

5湯匙（106g）蜂蜜

1份亞麻籽素蛋（見秘訣）/1顆
　大蛋，常溫

1茶匙純香草精

1¼杯（120g）去皮杏仁粉

1茶匙小蘇打粉

½茶匙肉桂粉

¼茶匙猶太鹽

8顆新鮮無花果，對切

花生淋醬

3湯匙（48g）滑順花生醬

1茶匙精製椰子油，融化

秘訣

- 製作1份亞麻籽素蛋：將1湯
  匙亞麻籽粉和2½湯匙水混
  合。於室溫靜置約10分鐘，
  至形成膠狀。
- 使用楓糖漿代替蜂蜜，即可製
  作純素版本。

無花果花生醬布朗迪
無穀類、純素、無麩質、無乳製品

2018年的6月，我的姊姊珊娜參加了一場為期8天的靜心冥想課程。她回來之後，立即打電話與我分享課程的經驗，而她提到的第一件事情就是食物。她告訴我在沒有干擾的情況下，她如何能夠完整的享受食物，品嚐每一口帶來的風味和質地。冥想中心有個果園，他們在那裡栽種自己的水果，她提到每天早上都會吃新鮮無花果搭配花生醬。「有趣的組合」，我當時這麼說。她拜託我用這些口味設計食譜，成品就在這裡：無花果花生醬布朗迪，冥想課程結束後，我們一起研發了這個食譜。珊娜是對的，無花果的香甜和花生醬的綿密相得益彰。這款有嚼勁的布朗迪也帶有蜂蜜、香草和肉桂的溫暖風味，彼此完美融合。

．．．．．．．．．．．．．．．．．．．．．．．．．．

烤箱預熱至175°C。將8吋方形烤盤鋪上烘焙紙，稍微刷上椰子油。

製作布朗迪：於攪拌盆中，混合花生醬、融化椰子油、椰糖、4湯匙蜂蜜、蛋和香草，攪拌至均勻滑順。加入杏仁粉、小蘇打粉、肉桂粉和鹽，攪拌混合。將麵糊均勻倒入備用烤盤，將無花果切面朝上、漂亮地排列在麵糊表面。將無花果稍微壓入麵糊。

將剩餘1湯匙蜂蜜放入可微波小碗，加熱約10秒，呈流動狀。用毛刷將蜂蜜刷在無花果表面。

烘烤20-22分鐘，至呈現金黃褐色。布朗迪會稍微膨脹，冷卻後再回到原本的狀態。將烤盤放在鐵網上冷卻。接近微溫時，放入冰箱完全冷卻。

製作花生淋醬：於小碗中，混合花生醬和椰子油。將混合物裝入擠花袋／截角的夾鏈袋，淋在布朗迪表面。若想要可放回冰箱 15 分鐘，使淋醬定型。將冷卻的布朗迪切成 16 個方塊。放入密封容器，可冷藏保存 5 天。

準備時間：40分鐘
烘焙時間：25分鐘
總時間：約1小時
份量：16份

．．．．．．．．．．．．．．．．．．．．

椰奶焦糖（或見秘訣）

1罐（382g）全脂椰奶

½杯（72g）椰糖

2湯匙椰子醬

½茶匙純香草精

方塊

1杯（96g）去皮杏仁粉

¼杯（63g）椰子醬，可另備更
　　多，融化

½茶匙肉桂粉

½茶匙海鹽

141g苦甜巧克力豆（約¾杯）

½杯（57g）核桃，略切

¼杯（28g）杏仁，略切

½杯（30g）無糖椰子片

原始人魔法方塊餅乾

原始人、無穀類、純素、無麩質、無乳製品

魔法方塊餅乾最能讓我回想起過節氣氛：有層次的方塊點心，傳統是用全麥餅乾底座、香甜煉乳、焦糖奶油巧克力豆、堅果和椰子製成。小時候，我和媽媽經常在廚房花上數小時，製作一盤盤魔法方塊餅乾，同時吃著焦糖奶油豆和椰子。我們會把它們切成小塊，放入保鮮盒，保存在車庫裡的冷凍庫。我經常偷溜到車庫，直接從冷凍庫拿來吃。所以當我跟姊姊開始執行無麩質飲食，我又接著戒除乳製品後，我們對於失去的年度魔法方塊饗宴感到哀傷。因此我決定要用經典的風味和口感，創造我們可以吃的版本。這道食譜可能會需要較多時間，因為需要製作椰奶焦糖取代甜味煉乳，不過非常值得！若想要省略這個步驟，可以購買加糖的濃縮椰奶代替。成品酥脆有嚼勁，並且絕對美味，很適合節慶食用。

- - -

製作椰奶焦糖：將椰奶和椰糖倒入重型湯鍋，以中火加熱至開始沸騰，經常攪拌。調降火力，煨煮至體積濃縮三分之一／一半，經常攪拌避免椰糖燒焦。（若混合物變稠，椰糖開始在邊緣或底部結塊，用打蛋器將椰糖刮回鍋內混合。）煨煮至混合物變得類似濃稠的甜煉乳／流動的焦糖醬，約30分鐘。加入椰子醬和香草，確實攪拌使原料混合，關火。最後應該要有1杯多的焦糖色甜椰奶。

烤箱預熱至175°C。將8吋方形烤盤鋪上烘焙紙、稍微刷上椰子油。

製作方塊點心：煨煮焦糖醬時（每幾分鐘就要持續攪拌），將杏仁粉、椰子醬、肉桂粉和鹽混合，做成麵團。若原料無法成型，多加一些椰子醬，繼續攪拌至成型。將麵團倒入備用烤盤，用手指／刮刀壓成平整的表面，將底部覆蓋。

待續

製作糖霜：將巧克力、杏仁醬和椰子油倒入小湯鍋，以小火加熱。讓混合物融化，經常攪拌。融化後，拌入杏仁奶和香草混合均勻。關火，將糖霜抹在冷卻的布朗尼表面，冷藏至糖霜定型。

冷卻後，用鋒利的刀子將布朗尼切成 16 個方塊。放入密封容器，可於室溫保存數天、冰箱 1 週、冷凍 3 個月。

秘訣

巧克力的可可含量越高，布朗尼越濃郁！
我使用**72%**的苦甜巧克力，
代表成分含**72%**的可可製品（巧克力漿、可可脂和可可塊），
其餘則是糖。我不建議使用更高比例的巧克力，
除非想要超級濃苦的布朗尼。若想要比這版本更甜的布朗尼，
60%的可可會是好的選擇。

準備時間：15分鐘
等待時間：1小時
總時間：1小時15分鐘
份量：16份

穀片夾層

2/3杯（170g）腰果醬

1/4杯（64g）椰子醬，融化

2湯匙純楓糖漿

1杯冷凍乾燥草莓，壓碎

2½杯（78g）糙米穀片

巧克力層

85g苦甜巧克力，切塊（約6湯匙）

2湯匙腰果醬

冷凍乾燥草莓，裝飾用（非必要）

草莓巧克力脆餅

純素、免烤、無麩質、無乳製品

想像這是一款酥脆的米穀片方塊，但外層包裹的不是棉花糖，而是香甜的草莓風味腰果醬。酥脆的粉紅底層配上一層薄巧克力，仿製巧克力草莓的所有風味——我個人的最愛。為了避免糙米穀片變濕軟，這個食譜使用冷凍乾燥草莓，富含成熟草莓的所有風味，但不帶任何水分。若草莓不是你的最愛，可以用喜歡的冷凍乾燥水果替代。除了苦甜巧克力，這個食譜也很適合搭配自製白巧克力（230頁）。

將8吋方形烤盤鋪上烘焙紙、稍微刷上椰子油。

製作穀片夾層：將腰果醬、融化椰子醬、楓糖漿、壓碎冷凍乾燥草莓倒入中型攪拌盆，攪拌均勻。使用橡皮刮刀/湯匙，拌入糙米穀片，直到完全被堅果醬混合物包覆。倒入備用烤盤均勻地壓平。

製作巧克力層：將巧克力放入可微波容器，加熱30秒後攪拌。重複步驟，至巧克力滑順流動。加入腰果醬，攪拌至滑順。將混合物抹在穀片層表面。若想要，可用冷凍乾燥草莓裝飾。

將成品冷藏至少1小時定型。用鋒利的刀切成16個方塊。放入密封容器，可冷藏保存1週。

準備時間：20分鐘
烘焙時間：35分鐘
總時間：約1小時
份量：16份

大黃

6–8根新鮮大黃梗（rhubarb），
　　切成長度17公分（見秘訣）
2湯匙蜂蜜/純楓糖漿
1湯匙柳橙皮屑
1湯匙柳橙汁
¼茶匙香草莢粉

底座

⅓杯（113g）純楓糖漿
2湯匙（32g）杏仁醬
½杯（100g）精製椰子油，軟化
¾杯（72g）去皮杏仁粉
¾杯（96g）椰子粉
⅓杯（437g）無殼生開心果，
　　切碎

開心果內餡

¾杯（84g）無殼生開心果
1湯匙木薯粉
⅓杯（48g）椰糖
¼茶匙猶太鹽
5湯匙（63g）精製椰子油，軟
　　化
1份亞麻籽素蛋（見秘訣）/1大
　　顆蛋，常溫
1茶匙純香草精

大黃開心果杏仁奶油方塊

原始人、無穀類、純素、無麩質、無乳製品

你吃過杏仁奶油餡嗎？它是一種甜醬，製作方式通常是將杏仁、奶油、糖和蛋攪拌成泥，被使用在水果塔等甜點。為了這款甜點，我們特製了杏仁奶油餡，但使用營養豐富的開心果代替杏仁，並將奶油、糖和蛋，替換成椰子油、椰糖和亞麻籽素蛋。將開心果內餡鋪在開心果點綴的奶油酥餅上，搭配浸泡過蜂蜜、香草和橙皮的紅色大黃梗。奶油酥餅的豐富甜味和開心果內餡，完美地中和大黃的酸味。若非大黃產季，可嘗試用對切草莓代替。

準備大黃：將大黃放入碗 / 烤皿裡，加入蜂蜜、柳橙皮屑、柳橙汁和香草。翻動使大黃被原料包覆，於室溫下浸漬，同時準備底座和杏仁奶油餡。

製作底座：烤箱預熱至175°C。將9吋方形烤盤 / 塔模鋪上烘焙紙、稍微刷上椰子油。

於攪拌盆中，混合楓糖漿、杏仁醬和椰子油，攪拌均勻。拌入杏仁粉、椰子粉和開心果碎。攪拌至乾性食材完全濕潤。將麵團均勻壓入備用烤盤，放入冷藏。

製作開心果內餡：烤箱預熱至175°C。

待續

秘訣

- 若喜歡可將大黃的長度切短一點,以便食用。
- 製作1份亞麻籽素蛋:將1湯匙亞麻籽粉和2½湯匙水混合。攪拌均勻,於室溫靜置約10分鐘,至形成膠狀。

從容器中取出大黃,讓多餘的汁液流回容器中。將大黃美觀地排列在開心果餡上方。

烘烤 35–40 分鐘,至底座呈金黃色、用牙籤測試不會沾黏即可。

待成品完全冷卻後再切塊。密封後,可冷藏保存 3–4 天、冷凍數個月。

免烤巧克力杏仁醬方塊

原始人、無穀類、純素、免烤、無麩質、無乳製品

這款甜點很適合那些看到堅果醬杯子巧克力，就想將堅果醬比例大幅增加的人——我就是其中之一。這個食譜使用大量杏仁醬，創造出濃厚綿密的堅果醬基底；拌入些許楓糖漿增甜；椰子油和椰子粉則有助於堅果醬定型。接著，將巧克力和杏仁醬混合，讓巧克力裝飾更堅固滑順。這款融在嘴裡的方塊很容易製作，甚至更容易食用。可以使用任何喜歡的堅果醬變換口味。

將 8 吋方形烤盤鋪上烘焙紙、稍微刷上椰子油。

製作基底：於攪拌盆中，混合杏仁醬、椰子油、楓糖漿、椰子粉和鹽。將麵團均勻地壓入備用烤盤，放入冷藏。

巧克力裝飾：將巧克力和杏仁醬倒入可微波容器，加熱 30 秒後攪拌，重複步驟至混合物融化滑順，約 2–3 次。將巧克力倒入杏仁醬底座，抹開使表面覆蓋。撒上海鹽。

冷藏至少 2 小時。使用鋒利的刀切成 16 個方塊。密封後，可冷藏保存 2 週。

準備時間：10分鐘
等待時間：2小時
總時間：2小時10分鐘
份量：16份

基底
1½杯（384g）滑順杏仁醬
1/3杯（67g）精製椰子油，融化
1/4杯（85g）純楓糖漿
1/4杯（32g）椰子粉
1/4茶匙猶太鹽（若使用鹹杏仁醬，可省略）

巧克力裝飾
113g苦甜巧克力，切碎（約2/3杯）
2湯匙滑順杏仁醬
海鹽片，裝飾用

將內餡倒入備用烤盤中的底座。將表面抹平，稍微用力敲幾下，讓氣泡釋出。依偏好的方式將對切草莓壓入方塊中。我喜歡將切面朝上擺放。

將成品放入冷藏／冷凍至少 3–6 小時成型，切塊前應該要完全定型。我建議先用熱水將刀沖過、擦乾，再用熱刀切塊。若是冷凍狀態，於室溫下解凍 10–15 分鐘再上桌。密封後，可於冷凍保存 3 個月。

準備時間：20分鐘

烘焙時間：45分鐘

總時間：約1小時

份量：16份

....

底座

1¼杯（120g）去皮杏仁粉

2湯匙木薯粉

2湯匙精製椰子油，融化

2湯匙純楓糖漿

⅛茶匙猶太鹽

上層裝飾

1杯（147g）生杏仁

½杯（72g）椰糖

1湯匙木薯粉

¼茶匙猶太鹽

6湯匙（75g）精製椰子油，軟化（見秘訣）

1大顆蛋/亞麻籽素蛋，常溫

¼茶匙香草莢粉或1茶匙純香草精

¼茶匙杏仁萃取液

2杯新鮮黑莓，用叉子稍微壓碎

秘訣

椰子油的質地應該要像軟化奶油。若太軟或融化，表示廚房過熱，放入冷藏15-30分鐘，直到變硬。

黑莓杏仁奶油方塊

原始人、無穀類、純素、無麩質、無乳製品

我總是會忽略廚房裡的黑莓，偏愛其他顏色繽紛的莓果。但這些方塊的鮮豔色彩與甜味，讓人很難不注意。杏仁奶油餡是一種甜的堅果醬，使用香草莢粉和杏仁萃取物調味。可以美妙地將黑莓酸味平衡。壓碎的黑莓形成果醬般的質地，覆蓋在杏仁奶油餡的表面，與酥脆的底座完美映襯。我偏好直接從冰箱拿出來吃——這款甜點冷卻時，會帶有難以抗拒的綿密口感。

....

烤箱預熱至 175°C。將 8 吋方形烤盤鋪上烘焙紙、刷上椰子油。

製作底座：於攪拌盆中，將杏仁粉、木薯粉、椰子油、楓糖漿和鹽充分混合。將混合物均勻壓入烤盤底部。

製作內餡：使用裝有金屬刀片的食物調理機／高速攪拌機（我用 Vitamix），將杏仁、椰糖、木薯粉和鹽，攪打成粉狀。加入椰子油，攪拌至完全混合。加入蛋、香草和杏仁萃取液，攪拌至滑順糊狀。將內餡均勻鋪在杏仁底座上，表面均勻抹上壓碎的黑莓。

烘烤 45-60 分鐘（時間依黑莓的濕潤度而異）。搖晃烤盤時，內餡不再晃動，並且用牙籤測試不會沾黏（或只有少量黑莓汁），即可出爐。

讓成品在烤盤中冷卻 20 分鐘，再放入冷藏完全冷卻。冷卻後，切成 16 個方塊。放入密封容器，可冷藏保存 1 週；或是將包緊的成品放入密封容器，可冷凍保存 3 個月。

第六章

糖果和甜食

成功的秘訣：

本章節多數的甜食都建議冷藏保存，因為在室溫下放久了會變軟，所以請注意每個食譜的保存方式。

堅果醬可以隨意替換，創造獨特的個人風味！例如，你可以用任何種類或口味的堅果醬，製作花生醬杯子巧克力。

這些食譜許多都會用到可可脂。若無法取得，可以用精緻椰子油代替，但成品的融點會比較低，味道會稍有不同。

酥脆巧克力
純素、無堅果、免烤、無麩質、無乳製品

想要讓巧克力更好吃嗎？添加輕盈蓬鬆的糙米穀片吧！傳統陪伴我們成長的酥脆巧克力，有著冗長的成份表，充滿麩質、精製糖與 3 種不同的乳製品。所幸，這款甜點很容易重現：只需要 5 種健康原料與 5 分鐘準備時間。它們本身就是美味的甜點，亦可切塊用在任何需要巧克力塊的點心。

將可可脂和楓糖漿加入可微波量杯。以 20 秒為單位，微波加熱後攪拌，重複步驟，至混合物完全融化，約 1 分鐘。

加入生可可粉和鹽，攪拌至完全滑順、無結塊殘留。緩慢地拌入糙米穀片，使其完全被包覆。

將混合物刮入片狀巧克力模／松露巧克力模（我的可以製作2片）。亦可用杯子蛋糕紙模，盛裝 5-6 個松露大小的巧克力塊。冷藏至成型，約 1 小時。

將巧克力脫模或移除杯子蛋糕紙模，即可上桌。保存時，放入夾鏈袋、密封容器或包上保鮮膜。置於涼爽室溫或冷藏內可保存 1 個月。

準備時間：5分鐘
等待時間：1小時
總時間：約1小時
份量：2片/6顆小球

57g可可脂，若非豆狀先切碎
　（約1/3杯）
2湯匙（42g）純楓糖漿
1/3杯（28g）生可可粉
少許猶太鹽
1/4杯（9g）酥脆糙米穀片

準備時間：10分鐘
總時間：10分鐘
份量：16顆

½杯（128g）腰果醬或其他滑
　順堅果醬、種籽醬
¼杯（85g）純楓糖漿
1杯（96g）去皮杏仁粉
¼杯（24g）生可可粉
¼-½茶匙猶太鹽
½茶匙純香草精
43g迷你巧克力豆（約¼杯）
海鹽片，裝飾用（非必要）

鹹布朗尼能量球

原始人、無穀類、純素、免烤、無麩質、無乳製品

有時候想要可以提升能量的點心，又希望它吃起來像甜點。這種時候就輪到這些能量球登場了。它們充滿來自腰果醬的營養脂肪，還有杏仁粉能提供能量與飽足感，同時混合了可可粉、香草和巧克力豆，吃起來就像甜點一樣。別忘了撒上海鹽當作裝飾！它能幫助緩和巧克力的濃郁感，讓成品更加誘人。

於攪拌盆中，混合腰果醬和楓糖漿。拌入杏仁粉、可可粉、¼茶匙猶太鹽、香草和巧克力豆。試吃，若喜歡偏鹹（像我一樣！）可以添加鹽。

將麵團滾成16顆小球，每顆份量約1大湯匙。若想要可撒上少量海鹽片（我建議這麼做）。可能會需要將海鹽壓入麵團以幫助附著。

此時可直接上桌，或冷藏至少45分鐘，使形狀定型、風味融合。將成品放入密封容器，可冷藏保存2週。

變化

薄荷布朗尼球：用薄荷萃取液取代香草精，並省略海鹽片裝飾。

準備時間：5分鐘
等待時間：1小時
總時間：約1小時
份量：2–3片，依尺寸而異（約2杯切碎巧克力）

....

85g 純可可脂，切塊（約1/3杯）
1/4杯（85g）純楓糖漿
1/2杯（128g）生腰果醬
2湯匙椰奶粉（非必要，但若買得到，建議使用）
1茶匙純香草精
少許鹽（非必要）

自製白巧克力

原始人、無穀類、純素、免烤、無麩質、無乳製品

儘管我在籌備這本書的初期，便開始測試這款食譜，但它卻是最後幾個完成的作品。我幾乎要放棄了，因為我想要的不只是無乳製品、無精製糖的白巧克力，而是可以烘烤的類型。老實說，這個結果得來不易。起初的實驗結果，多數在加入餅乾烘烤後都融化了——少了牛奶穩定，可可脂的作用就像油一樣。我發現腰果醬和椰奶粉可以提供牛奶帶來的綿密感和穩定性，而楓糖漿則添加了甜味。這款白巧克力可以切塊用在餅乾裡（如「白巧克力夏威夷豆餅乾」，153 頁），或是融化當作白巧克力糖衣。請注意：由於添加楓糖漿，這款白巧克力會偏向乳白色，而不是純白色！

將可可脂和楓糖漿加入可微波耐熱碗 / 量杯。以 30 秒為單位，微波加熱至可可脂融化，約 1 分鐘。

加入腰果醬、香草、（椰奶粉、鹽），攪拌至滑順。

將混合物倒入尖嘴量杯，接著倒入片狀巧克力模 / 其他矽膠模（任何軟容器皆可）。冷藏約 1 小時或直到定型。

將定型的白巧克力脫模，用保鮮膜密封或放入密封容器，可冷藏3–4 個月。

換個做法，若打算用白巧克當作糖霜，當原料混合後，將自選產品（如蝴蝶餅、草莓…等等）沾上融化的白巧克力。置於鋪有烘焙紙的烤盤上冷卻，使巧克力定型。

自製巧克力

原始人、無穀類、純素、無堅果、免烤、無麩質、無乳製品

自從我發現可可脂這項原料，便開始自製巧克力。我過去是用椰子油自製巧克力，後來換成可可脂，因為後者融點較高。我發現這些自製巧克力可以用來烘焙，因為它們不會完全融化在成品裡。自製巧克力的基礎很簡單——只是可可脂、可可粉、楓糖漿／蜂蜜與少量鹽的組合。從這裡開始，可以有無限種風味組合！我在次頁提供了 4 種建議，但你可以盡情發揮想像力。所有原料幾乎都可以混合，創造出獨特的自製巧克力。這個食譜和小孩一起做會很好玩！

將可可脂裝入可微波容器，加熱 30 秒後攪拌。重複步驟至完全融化，約 1 分鐘。加入可可粉、2 湯匙楓糖漿和鹽，攪拌至完全滑順。試吃，若不夠甜，添加更多楓糖漿。

將混合物倒入片狀巧克力模（我的有兩格，每格約 15x7.5x1 公分）。若沒有模具，將巧克力倒入鋪有烘焙紙的小型帶邊烤盤，或均分至套上紙模的 6 格馬芬烤盤。將巧克力冷藏至定型，約 1 小時。將巧克力脫模或從烤盤取出，即可上桌。

若使用模具製作巧克力，用保鮮膜或烘焙紙包起來，即可保存和食用。若使用小型烤盤，將成品折成數片。若使用馬芬杯盤，成品會是塊狀。置於陰涼乾燥處／冰箱，可保存 1 個月。

準備時間：10分鐘
等待時間：1小時
總時間：1小時10分鐘
份量：2–3片，依尺寸而異（約2杯切碎巧克力）

½杯（76g）可可脂，略切
½杯（42g）生/熟可可粉
2–3湯匙（42–63g）純楓糖漿/
　　蜂蜜
少許鹽

待續

迷迭香堅果酥糖

原始人、無穀類、純素、免烤、無麩質、無乳製品

準備時間：5分鐘
烹煮時間：20分鐘
總時間：約25分鐘
份量：約3杯

堅果酥糖最適合節慶時節。可以搭配甜點盛盤，或是替點心盤增添美好的甜味，亦可切碎妝點其他甜品。我總是認為只有白糖才能做出堅果酥糖的酥脆外殼，沒想到蜂蜜和楓糖漿也能有同樣的效果！我使用兩種液態糖，這樣彼此的風味才不會太搶戲。若喜歡的話，也可以使用其中一種就好。額外添加的肉桂、卡宴辣椒和新鮮迷迭香，讓它們比原味堅果酥糖更有趣美味，還可以緩和甜味，帶來辣味和香料味的深度。

¼杯（85g）純楓糖漿

2湯匙（42g）純蜂蜜，或使用 2湯匙楓糖漿替代，製成純素版本

1茶匙肉桂粉

¼茶匙猶太鹽

⅛–¼茶匙卡宴辣椒粉

2杯（226g）綜合生堅果

2茶匙新鮮迷迭香，切碎

將烤盤鋪上烘焙紙、稍微刷上椰子油。

將楓糖漿、蜂蜜、肉桂、鹽和 ⅛ 茶匙卡宴辣椒粉倒入厚底湯鍋。攪拌混合，以中大火加熱至沸騰，經常攪拌。當混合物開始沸騰時，加入堅果，轉成中小火。若喜歡辣味，可以添加更多卡宴辣椒粉。讓糖漿煮約 20 分鐘，持續攪拌，至糖漿濃縮、堅果被完全包覆。此時堅果周圍或下方應該不會有流動的糖漿，但每顆堅果會裹上一層薄糖衣。拌入切碎的迷迭香。

測試堅果是否完成，可將 1–2 顆堅果放入冷凍庫 1–2 分鐘。若堅果的糖衣定型、形成酥脆的外殼，即可完成。若堅果仍然帶有黏性，再多煮幾分鐘。

將堅果酥糖倒入鋪有烘焙紙的烤盤，均勻鋪開、不要重疊。於室溫下完全冷卻。放入密封容器，可於室溫保存 4 天。

摩卡榛果乳脂軟糖

原始人、無穀類、純素、免烤、無麩質、無乳製品

有什麼東西比榛果加巧克力更好呢？加入濃縮咖啡粉，製成讓榛果迷口水直流的摩卡榛果點心。香甜綿密的乳脂軟糖基底，填滿了自製榛果巧克力醬維持口感，搭配充足的濃縮咖啡粉增添濃郁咖啡味。表面的榛果和海鹽帶來酥脆口感。若要避免咖啡因，可以簡單省略濃縮咖啡粉，或使用低因（decaf）濃縮咖啡粉代替。

將可可脂和椰子油放入 500 毫升量杯 / 類似的可微波容器。以 20 秒為單位，加熱後攪拌，重複步驟至混合物完全融化，約 1 分鐘。若喜歡，亦可用雙層鍋加熱融化。將混合物倒入碗中以便攪拌。

加入可可粉、榛果醬、楓糖漿、濃縮咖啡粉和猶太鹽。打散 / 攪拌至完全滑順，確保沒有可可粉結塊殘留。

將混合物刮入鋪有烘焙紙的小型烤模（如吐司模），或均分至 12 格馬芬烤盤，矽膠或金屬材質皆可，放入紙模。若有使用，放上烤榛果和海鹽裝飾。冷藏至少 1 小時定型。若使用烤模製作，將乳脂軟糖切成 12-24 塊。放入密封容器，可冷藏保存 1 週。

準備時間：10分鐘
烹煮時間：1小時
總時間：1小時10分鐘
份量：12-24份，依切法而異

....

1/3 杯（51g）可可脂，切塊

1湯匙精製椰子油，軟化

3/4 杯（72g）生可可粉

1/3 杯（85g）榛果巧克力醬（269 頁）

1/4 杯（85g）純楓糖漿

1湯匙即溶濃縮咖啡粉

1/4茶匙猶太鹽

1/2 杯（57g）烤榛果，切碎

1茶匙海鹽片（非必要，但建議使用）

準備時間：15分鐘
等待時間：2小時
總時間：2小時15分鐘
份量：18份

- - - - - - - - - - - - - - - - - -

餅乾麵團

1杯（256g）腰果醬/其他滑順
　堅果醬

¼杯（85g）純楓糖漿

1杯（96g）去皮杏仁粉

¼杯（32g）椰子粉

¼杯（25g）迷你巧克力豆（見
　秘訣），另備裝飾用

1茶匙純香草精

¼茶匙猶太鹽

巧克力表層

113g苦甜巧克力，切塊/豆狀
　（約⅔杯）

2湯匙（32g）腰果醬，或餅乾
　麵團使用的堅果醬

½茶匙海鹽片（非必要）

秘訣

我喜歡「享受生活」（Enjoy
Life）品牌的迷你巧克力豆。
若想要少糖或遵循原始人飲食，
可用可可碎粒代替巧克力豆。

餅乾麵團乳脂軟糖

免烤、原始人、無穀類、純素、無麩質、無乳製品

任何與餅乾麵團有關的東西，都會讓我想自國小以來最好的朋友，佩姬。我們以前會花上數小時一起烘焙，而她總是在餅乾還沒來得及放入烤盤前，厚臉皮地偷挖一匙來吃。這款食譜重現了我們以前偷吃的餅乾麵團，但不含蛋的成分。這個餅乾麵團不用湯匙也可以拿著四處走動，因為它不會融化在手裡，但會帶來同樣的甜麵團滿足感，搭配酥脆的巧克力豆收尾。若你也喜歡偷吃餅乾麵團，務必要嘗試這款食譜。

- - - - - - - - - - - - - - - - - -

將 13x23 公分的吐司模鋪上烘焙紙、稍微刷上椰子油。

製作餅乾麵團：於小型攪拌盆中，混合腰果醬和楓糖漿。拌入杏仁粉、椰子粉、巧克力豆、香草和猶太鹽。將混合物均勻壓入備用烤盤，盡可能鋪平。

製作巧克力表層：將巧克力和堅果醬放入可微波容器，加熱 30 秒後攪拌。再次加熱 30 秒後攪拌。攪拌時，巧克力應該呈現柔軟、有光澤、融化的狀態。必要時，重複此步驟至巧克力和腰果醬完全滑順混合。將混合物盡可能均勻地鋪在餅乾麵團表面。

若想要可撒上海鹽和更多迷你巧克力豆。冷藏至少 2 小時定型。定型後，切成 18 個方塊。放入密封容器，可冷藏保存 2 週。用保鮮膜包好，放入可冷凍的塑膠袋，可保存 3 個月。

巧克力豆生餅乾

原始人、無穀類、純素、免烤、無麩質、無乳製品

你曾經做過餅乾麵團，純粹是為了直接拿來生吃嗎？很好，我也是。若你是這種類型的人，絕對會愛上這些生餅乾。所有你愛的餅乾麵團口感和風味都有，彷彿刻意為了用湯匙偷吃而誕生。若你有過人的耐力，可以將麵團舀起來，沾上並淋上更多巧克力。我添加一些烤胡桃帶來額外的酥脆感，但如果你是「反對餅乾裡有堅果」的族群，可以省略這個步驟，加入更多巧克豆。

製作餅乾麵團：將胡桃鋪在乾的平底鍋內。以中火乾烤，經常攪拌，至胡桃釋出香氣、稍微上色，約 3-4 分鐘。將胡桃倒入盤子冷卻。

於攪拌盆中，將椰子油和椰糖攪拌均勻。加入亞麻籽素蛋、香草和海鹽，充分攪拌。加入杏仁粉，攪拌至徹底混合。拌入巧克力豆和烤胡桃。

此時，可以直接用湯匙舀取麵團食用，或沾上巧克力、製成可愛松露球。

製作松露球：將盤子／小烤盤鋪上烘焙紙。使用小型餅乾挖杓（我的可以裝 2 茶匙麵團）或湯匙，將麵團做成松露形狀。置於備用烤盤上，冷藏約 20 分鐘或冷凍約 10 分鐘定型。

製作巧克力沾醬：當松露球成型後，將巧克力放入小型可微波容器，加熱 45 秒。攪拌後，再加熱 30 秒。若需要，可再加熱 20 秒。攪拌至巧克力滑順流動。

待續

準備時間：10分鐘
等待時間：30分鐘
總時間：40分鐘
份量：20個生餅乾

餅乾麵團

¼杯（28g）胡桃，略切
¼杯（50g）精製椰子油，軟化
¼杯（36g）椰糖
½份亞麻籽素蛋（見秘訣）
1茶匙純香草精
¼茶匙海鹽
1¼杯（120g）去皮杏仁粉
56g苦甜巧克力，豆狀／切碎
　（約⅓杯）

巧克力沾醬

85g苦甜巧克力，豆狀／切碎
　（約6湯匙）
海鹽片，裝飾用（非必要）

秘訣

製作½份亞麻籽素蛋：
將1½茶匙亞麻籽粉和1½湯匙水混合。於室溫下靜置約10分鐘，至形成膠狀。

將攪拌機轉成中速，緩慢地將熱糖漿倒入吉利丁混合物。當糖漿全部加入後，調整至中高轉速，攪拌至棉花糖呈現白色蓬鬆狀，約8-10分鐘。加入香草精、香草莢粉和猶太鹽，再攪拌30秒。

將棉花糖倒入備用烤盤。用抹上椰子油的曲柄抹刀將表面鋪平。稍微敲幾下，讓氣泡釋出。讓棉花糖於室溫靜置約6小時或直到定型（我通常會放到隔天）。

用刀子將棉花糖從烤盤邊緣分開，倒扣在撒上木薯粉的工作檯面。將更多木薯粉撒在棉花糖上，切成偏好的大小（這裡很適合用披薩切刀）。將棉花糖黏的邊緣沾上木薯粉，放入細篩網，搖動除去多餘的木薯粉。

此外，亦可將棉花糖的半邊浸入融化黑巧克力（也可以整個浸入！），撒上海鹽。將黑巧克力放入可微波容器，以30秒為單位，加熱後攪拌，重複步驟至巧克力完全融化。將半邊棉花糖沾上巧克力後，置於鋪有烘焙紙的烤盤上。撒上海鹽，放入冷藏定型。放入密封罐容器，可於室溫保存1週。

變化

將棉花糖混合物倒入模具定型後，可以撒上切碎的堅果、可可碎粒、果乾，和其他想得到的任何配料。選擇非常多！亦可用薄荷或柳橙萃取液取代/搭配香草精。

自製小熊軟糖

原始人、無穀類、免烤、無麩質、無乳製品

若你想從某個人眼中看到純粹的歡樂，給他們一堆自製小熊軟糖就可以了。大家會睜大雙眼、倒抽一口氣說：「這是你做的？」你可以說「對」，只要幾樣簡單原料就可以製成。這些小熊軟糖和市售的不太一樣。它們沒有那麼有嚼勁，但有融在口中的特性，多汁又美味。我使用吉利丁定型──請確認選用來源值得信賴的草飼吉利丁。我在秘訣處提供使用洋菜粉的純素版本，但口感會比吉利丁製成的軟。模具的部分，我在亞馬遜網站找到一組兩入模具，每個可製作 50 顆小熊軟糖。這組模具還附有滴管，能輕易填滿小熊形狀的格子。這個食譜和小孩一起做會很好玩！

準備時間：30分鐘
等待時間：10分鐘
總時間：40分鐘
份量：200顆小熊軟糖

1杯純蘋果汁

2-3湯匙純楓糖漿/蜂蜜

最多1湯匙肉桂萃取液（非必要，見秘訣）

4湯匙草飼吉利丁

製作肉桂蘋果軟糖（其他選項請見「變化」）：將蘋果汁和 2 湯匙楓糖漿倒入小湯鍋，以中火加熱至冒煙但未沸騰。

若有使用肉桂萃取液，將火力調到最低，加入鍋中攪拌。小心試吃，若需要可添加楓糖漿 / 蜂蜜。拌入吉利丁，每次 1 湯匙，確保吉利丁完全溶解後再繼續添加。

當吉利丁完全溶解後，將鍋子離火，使用滴管將模具填滿。冷藏至完全定型，若使用小型模具，約 10－15 分鐘。當小熊軟糖定型後，即可脫模。

當模具填滿後，若有剩餘的液體，可以倒入小烤盤，待冷藏定型後再切成方形軟糖。亦可等待第一批小熊軟糖定型後，以小火將混合物再次加熱至流動，填入模具中。

將小熊軟糖裝入密封容器，可冷藏保存 1 個月。

待續

配料選擇

莓果：草莓丁是我最愛的乳脂軟糖配料之一，但任何莓果都可以！將1杯草莓丁、藍莓或覆盆子鋪在乳脂軟糖表面，若喜歡可淋上融化巧克力。

花生醬（如圖）：使用花生醬製作軟糖，接著將2湯匙花生醬和1湯匙椰子油融化，攪拌後淋在模具內的混合物表面。使用刀子/牙籤將花生醬混合物攪入乳脂軟糖。這裡可用任何其他堅果醬或種籽醬取代。

薄荷：添加1茶匙純薄荷萃取液與香草精。將2湯匙壓碎薄荷糖/拐杖糖（偏好天然調色、調味）鋪在乳脂軟糖表面。

自製椰子杏仁糖

原始人、無穀類、純素、免烤、無麩質、無乳製品

為了這本書，我重現了幾款經典甜點，例如「焦糖餅乾巧克力」（233頁）、「酥脆巧克力」（227頁）和「花生醬杯子巧克力」（236頁）。我無法省略媽媽最愛的糖果：椰子杏仁巧克力！因此，椰子杏仁糖便誕生了。這款椰子和杏仁的美味組合，微甜並沾上巧克力，可以滿足任何椰子迷。若你偏好這款糖果的無堅果版本，可以自由省略堅果！

於攪拌盆中，混合楓糖漿、椰漿和 1 湯匙融化椰子油。拌入椰子絲，至完全被包覆。

使用小型餅乾挖杓 / 湯匙，將麵團分成 13-14 球，排列在鋪有烘焙紙的烤盤上。

用手將每顆麵團球捏成小長方形。於表面放上一顆杏仁，將它輕輕地壓入麵團。冷藏至少 30 分鐘定型。

將巧克力和剩餘 1 湯匙椰子油放入可微波容器，加熱約 30 秒。每 30 秒攪拌一次，至混合物滑順流動。

將每個椰子方塊底部沾上巧克力，刮除多餘的部分。放回鋪有烘焙紙的烤盤。

將剩餘的巧克力刮入擠花袋 / 截角的夾鏈袋，淋在方塊表面。

享用前，再次冷藏至少 30 分鐘，使巧克力定型！放入密封容器，可冷藏保存 1 週。

準備時間：30分鐘
等待時間：1小時
總時間：約1.5小時
份量：13-14塊

3湯匙（63g）純楓糖漿
½杯罐裝椰漿
2湯匙（25g）精製椰子油，融化
1½杯（90g）椰子絲
約14顆完整杏仁
113g苦甜巧克力，切塊（約²/₃杯）

準備時間：20分鐘
等待時間：45分鐘
總時間：約65分鐘
份量：18份

⋯⋯⋯⋯⋯⋯⋯⋯⋯⋯⋯

6顆帝王椰棗，去籽

¾杯（192g）滑順腰果醬，或其
　他滑順堅果醬、種籽醬

½杯（64g）椰子粉

2-4湯匙熱開水

1茶匙純香草精

170g苦甜巧克力，切碎（約1
　杯）

海鹽片，裝飾用（非必要）

巧克力花生醬松露球

無穀類、純素、免烤、無麩質、無乳製品

帝王椰棗是種神奇的小水果，將它與堅果醬和椰子粉混合時，會形成有嚼勁、糖果般的點心。這就是這款花生醬松露球的作法，除了椰棗不需要額外的甜味劑。接著將松露球裹上巧克力，整個成品只需要五種原料。若喜歡的話（我很喜歡），外加在表面撒上一些海鹽片。若想要更換原料，可以用自己喜歡的堅果醬／種籽醬取代花生醬，創造個人的獨特口味。使用中東芝麻醬或葵花籽醬等種籽醬，即可做成無堅果版本！

⋯⋯⋯⋯⋯⋯⋯⋯⋯⋯⋯⋯⋯⋯⋯⋯⋯⋯⋯⋯⋯⋯⋯⋯⋯⋯

將盤子或烤盤鋪上烘焙紙。

若椰棗不夠柔軟，泡在1杯熱水中約10分鐘軟化。將椰棗瀝乾。

使用高速攪拌機（我用 Vitamix）／裝有金屬刀片的食物調理機，混合椰棗、花生醬、椰子粉、2湯匙熱水和香草。若混合物偏乾，加入剩餘2湯匙熱水。

用湯匙舀取1湯匙花生醬混合物，滾成球狀，置於備用烤盤上。重複製作18顆松露球。放入冷凍庫30分種定型。

同時，將切碎的巧克力放入小型可微波深碗／杯子。以30秒為單位，加熱後攪拌，重複至巧克力完全融化、滑順。

使用叉子／沾醬工具，將每顆松露球浸入融化巧克力，使其完整包覆，讓多餘的部分滴落，放回鋪有烘焙紙的烤盤。若想要，趁松露球的外衣仍是液態時，可撒上海鹽片。重複步驟至所有松露球都裹上巧克力，放入冷藏定型，約15分鐘。

放入密封容器，可冷藏保存約2週。

生日蛋糕松露球

原始人、無穀類、純素、免烤、無麩質、無乳製品

若可以將生日蛋糕的所有風味包入小巧可愛的松露球裡，免去製作多層蛋糕的麻煩，會是如何呢？我打賭你會想嘗試，尤其若食譜像這款一樣簡單！使用生腰果醬和楓糖漿增甜、杏仁和香草精調味，這個簡單的松露球仿製香草生日蛋糕的風味，包含裝飾和其他全部。它的口感類似餅乾麵團。完成的松露球可以直接食用，或裹上甜美的香草莢糖霜、做出美味的糖衣，一口咬下帶來清脆口感、融化在舌尖。

製作松露球：於攪拌盆中，混合腰果醬和楓糖漿。拌入杏仁粉、香草、杏仁萃取液、鹽和巧克力米。

用湯匙量取每份麵團，滾成約 20 顆松露球。置於鋪有烘焙紙的盤子／托盤上。冷藏定型，約 10 分鐘。

製作糖霜：將可可脂、椰子油和楓糖漿，放入小型可微波深碗，加熱 30 秒後攪拌。以 15 秒為單位，再次加熱並攪拌，直到完全融化。拌入香草莢粉。

使用叉子／沾醬工具，將每顆松露球浸入糖霜，讓多餘的部分滴落，再放回盤內。必要時請攪拌糖霜，若沒有經常攪拌，楓糖漿和香草莢粉會沉到底部。

將松露球放入冷凍庫定型，約 10 分鐘。重複步驟至糖霜用盡。若糖霜開始變硬，可微波加熱 10 秒。每顆松露球我會裹上 3 次糖霜，每次都要放回冷凍庫定型。

完成最後一道糖霜時，趁表面尚未完全定型，將巧克力米放入淺碗，將松露球裹上一層巧克力米，或是直接將巧克力米撒在松露球表面。

放入密封容器，可冷藏保存 1 個月。

準備時間：30分鐘
等待時間：20分鐘
總時間：50分鐘
份量：20顆

....

松露球

½杯（128g）生腰果醬

3湯匙（63g）純楓糖漿

1杯＋2湯匙（108g）去皮杏仁粉

1茶匙純香草精

¾茶匙純杏仁萃取液

¼茶匙猶太鹽

3湯匙自然色巧克力米

糖霜（非必要，但建議使用）

2湯匙可可脂，若非豆狀，先切碎

1湯匙精製椰子油，軟化

1湯匙純楓糖漿

⅛茶匙香草莢粉

3–4湯匙自然色巧克力米（非必要）

白巧克力椰子松露球

原始人、無穀類、純素、免烤、無麩質、無乳製品

若你遵循無乳製品飲食，白巧克力不是最容易被滿足的口慾：牛奶是市售白巧克力的主要原料，提供特有的綿密感和純白色。這個食譜將椰奶和生腰果醬混合，帶來綿密感和巧克力結構；可可脂、楓糖漿和香草，則仿製了白巧克力風味。將表面裹上椰子絲、中央放上夏威夷豆，這款松露球便優雅得足以送禮，卻又簡單得可以隨時備在手邊（品嚐過後，你會想這麼做！）

於可微波容器中，混合可可脂、椰奶和楓糖漿。微波 1 分鐘，每 30 秒攪拌一次。若 1 分鐘後混合物尚未完全融化，以 15 秒為單位，加熱後攪拌，直到融化。亦可使用爐火，以小火加熱至融化。

將腰果醬和香草混合。冷藏 2 小時，或直到完全定型。

使用小型餅乾挖杓（我的是 2 茶匙份量）或湯匙，做出小松露球，將夏威夷豆塞入中央，再用雙手滾成球狀，將夏威夷豆完全包覆。

將椰子絲倒入淺碗或帶邊餐盤。將每顆松露球裹上椰子絲（亦可在松露球尚未塑形前，加入椰子絲。這麼做松露球不會在手中軟化）。將松露球置於盤子／小烤盤上。重複步驟，至白巧克力混合物全部滾成松露球、裹上椰子絲。放入密封容器，可冷藏保存 2 週。

準備時間：30分鐘
等待時間：2小時
總時間：2.5小時
份量：30顆

85g 可可脂，切塊
¼杯罐裝全脂椰奶
5湯匙（105g）純楓糖漿
½杯（128g）生腰果醬
1茶匙純香草精
30顆烤夏威夷豆（見秘訣）
1杯椰子絲，若需要可另備更多

秘訣

松露球內可使用任何喜歡的堅果。我最愛的是夏威夷豆，榛果則不相上下。

261

第七章

堅果醬
淋醬
其他

成功的秘訣：

若使用高速攪拌機研磨堅果醬，記得使用攪拌棒。我會持續使用攪拌棒，直到堅果醬變得滑順、可以自行輕易混和。若使用食物調理機，則需要經常將容器邊緣的食材往下刮。

　　有些堅果的油脂較多，製成堅果醬會偏液態。若希望成品具有流動感、不要太濃稠，可加入椰子油，至達到偏好的濃稠度。

　　有時候使用香草精會讓堅果醬 （或是任何液體） 變濃稠。發生時，可添加椰子油稀釋。

烤椰子醬
原始人、無穀類、純素、無堅果、免烤、無麩質、無乳製品

本書有許多食譜用到椰子醬，但它本身當作沾醬或淋醬就很美味。將椰子片先烘烤至金黃色、釋出香氣，得到的成品最好吃。這份食譜只有椰子一種原料，若需要，可能會有另一種（椰子油）。我不建議嘗試更少量製作，因為攪拌機／食物調理機需要足夠的椰子才能適當運作。若不想烤椰子片，可以省略此步驟，做成生椰子醬。

烤箱預熱至 175°C。

將椰子片均勻鋪在大型烤盤上。烘烤 7–10 分鐘，翻動 2–3 次，至呈金黃色。將椰子片倒入托盤／盤子冷卻。亦可將其鋪到大型平底鍋，以中火加熱 2–3 分鐘，持續攪拌至邊緣開始上色。將鍋子離火，讓椰子片繼續在餘溫中加熱，攪拌數次。

將烤椰子片放入高速攪拌機（我用 Vitamix）／裝有金屬刀片的食物調理機。

使用高速攪打成滑順的椰子醬。若使用高速攪拌機，用攪拌棒將椰子片推向下方刀片，直到椰子醬足夠滑順，可以自行攪拌。攪拌時間約 3–5 分鐘。若使用食物調理機，經常將容器邊緣的椰子片往下刮，確保攪拌均勻，約 6–12 分鐘。若攪拌一段時間後，混合物狀態偏乾，加入椰子油幫助流動。

將椰子醬倒入玻璃罐／容器。保存於 25°C 以下會凝固。微波加熱約 15 秒或將密封罐浸在熱水中幫助融化。

準備時間：10分鐘
烘焙時間：7分鐘
總時間：17分鐘
份量：約1杯

4 杯（425g）無糖椰子片（見秘訣）
1 湯匙初榨椰子油，融化（若需要）

秘訣

若想做鹹甜椰子醬，將1/3茶匙猶太鹽和1湯匙椰糖拌入椰子醬。

準備時間：10分鐘
烘焙時間：10分鐘
總時間：20分鐘
份量：2杯

....

1½杯（170g）生杏仁
1½杯（170g）生胡桃
1-2茶匙肉桂粉
⅛-¼茶匙海鹽

配料（可選2-5種）
⅓杯蔓越莓乾（選用蘋果汁增加
　甜味的種類）
¼杯苦甜巧克力豆
¼杯椰子絲/椰子片，可先烤過
　（見秘訣）
¼杯杏仁片/胡桃碎
1-2湯匙奇亞籽
1-2湯匙大麻籽
1-2湯匙可可碎粒

綜合堅果醬
原始人、無穀類、純素、免烤、無麩質、無乳製品

這個食譜的靈感來自山頂農夫市集（Hillcrest Farmers Market），我週日經常去這個當地市集採買當週的蔬果與本地商品。那裡有位木工，專賣漂亮的木湯匙和廚具，每當我（或任何人）停下腳步觀看他美麗的商品時，他會拿出一個容器，裡頭裝有自製蘋果乾和最難以抗拒的杏仁醬。他的杏仁醬充滿堅果、種籽和果乾，用自製蘋果乾沾上杏仁醬真是完美的點心。我將他美味的杏仁醬呈現於此。我將食譜設計成自由搭配的風格，所以你可以依喜好將配料客製化，或使用手邊現有食材製作。

....

烤箱預熱至175°C。

將杏仁和胡桃鋪在烤盤上。烘烤10-12分鐘，至稍微上色並釋出香氣。讓堅果完全冷卻。

將冷卻的堅果放入高速攪拌機/裝有金屬刀片的食物調理機（我喜歡用Vitamix，因為轉速比較快）。以中高速攪打堅果，必要時將邊緣的食材往下刮，直到形成滑順流質狀。高速攪拌機約需要2分鐘；食物調理機需要將近10分鐘。

當杏仁醬變成滑順流質狀，將機器減速，加入肉桂和鹽試吃。將配料用瞬轉攪拌，至均勻混合。切勿過度攪拌，保留杏仁醬的口感。

裝入附蓋玻璃罐/塑膠容器，可冷藏保存1個月。

秘訣

- 可依個人喜好替換堅果，杏仁跟胡桃是我最愛的組合！我最喜歡的配料組合是蔓越莓、胡桃、以及大麻籽、奇亞籽、可可碎粒各1湯匙。
- 製作烤椰子：將烤箱預熱至175°C。烤盤鋪上烘焙紙。加入椰子片/椰子絲烘烤，約3-5分鐘，中途翻動1次，直到呈現金黃色。

榛果巧克力醬

原始人、無穀類、純素、免烤、無麩質、無乳製品

我不會說這款榛果巧克力醬吃起來和廣受喜愛的能多益（Nutella）榛果可可醬一樣，因為事實並非如此。但我謙虛地認為，這個版本更好吃！你可以吃到榛果的原味，因為沒有被大量精製糖蓋過，但甜度和巧克力味還是可以滿足你的甜點胃。這份食譜讓我變成榛果迷！它的濃稠度很適合淋在燕麥粥、果昔碗、蘋果、香蕉、或直接用湯匙舀來吃。

總時間：15分鐘
份量：1½杯

2杯（226g）烤榛果（見秘訣）
3–4湯匙椰糖
3湯匙（16g）生可可粉
¼茶匙猶太鹽

將烤榛果放入高速攪拌機（我用 Vitamix）/ 裝有金屬刀片的食物調理機。以中高速攪拌 5–8 分鐘，必要時將邊緣的榛果往下刮，直到形成滑順流質狀。使用高速攪拌機需要的時間較短；若用食物調理機會花較長時間，並且需要刮更多次。

當榛果完全打碎、形成滑順流動的榛果醬後，加入 3 湯匙椰糖、生可可粉和鹽。

再次攪拌 30 秒，使椰糖融合，並確保所有原料完全混合。試吃，若喜歡可額外加糖。依個人口味決定，亦可加更多鹽。

將堅果醬裝入約 360 毫升的密封玻璃罐。可於食物儲藏櫃保存 1 週、冷藏 1 個月。

秘訣

若手邊只有生的榛果，將其鋪在烤盤上，
以160˚C烘烤至邊緣呈金黃色、香氣釋出，約10分鐘。
烘烤時翻動數次。將榛果倒入盤子完全冷卻。
確保完全冷卻後再使用。

準備時間：10分鐘
烘焙時間：30分鐘
總時間：40分鐘
份量：約1½杯

....

接近2杯全脂椰奶（一個382克
　罐頭）
¼杯（85g）純楓糖醬（見秘
　訣）
⅓杯（48g）椰糖
1茶匙純香草精
½茶匙海鹽

秘訣

若想要可將楓糖漿替換成蜂蜜，
但這麼做便不是純素版本。

鹹焦糖醬

原始人、無穀類、純素、無堅果、免烤、無麩質、無乳製品

傳統來說，製作焦糖醬是將水和糖倒入鍋內煮至高溫，接著倒入鮮奶油，冒出大量泡泡。雖然我的原始人純素版本較慢，但沒那麼戲劇化。只要緩慢穩定地煮 30-40 分鐘，即可製成香濃的鹹焦糖醬，不需要像傳統方式一樣持續關注。完成後，很難不馬上舀一匙放入嘴裡。我喜歡將它淋在派和杯子蛋糕上。

....

於中型厚底湯鍋中，混合椰奶、楓糖漿和椰糖。用中火煮至沸騰，接著以小火煨煮 30-40 分鐘。經常攪拌，至糖果溫度計到達 104°C，或呈現深琥珀色、濃稠度足以包覆湯匙、具有糖漿的質地。

離火，拌入香草和鹽。

讓焦糖醬稍微冷卻，倒入玻璃罐完全冷卻。冷卻後，蓋上蓋子，可冷藏保存 2 週。

焦糖醬可以冷食，或用微波爐／瓦斯爐以小火稍微加熱。

草莓腰果醬

原始人、無穀類、純素、無麩質、無乳製品

這款食譜好幾年前便發布在我的網站上，我也一直推薦給別人，因為吃過的人都會上癮。它會改變你的人生。使用腰果、冷凍乾燥草莓、香草莢粉和少許海鹽製成，非常簡單，但口味相當驚艷。奶油般的腰果配上清爽的草莓味和柔順的香草莢……好吃。一罐腰果醬就是美味獨特的禮物！

準備時間：20分鐘
烘焙時間：10分鐘
總時間：30分鐘
份量：2杯

2杯（226g）生腰果
¾杯冷凍乾燥草莓
1茶匙香草莢粉
¼茶匙海鹽
1–2湯匙精製椰子油（若需要）

烤箱預熱至 175°C。將烤盤鋪上烘焙紙。

將腰果鋪在烤盤上，烘烤約 10 分鐘，至稍微烤熱、香氣釋出。讓腰果留在烤盤上冷卻數分鐘（若趕時間可以使用生腰果，但烤過更容易打碎、也更美味。）

當腰果冷卻後，放入裝有金屬刀片的食物調理機 / 高速攪拌機（我用 Vitamix）。攪拌 3–6 分鐘，必要時將邊緣的腰果往下刮，直到變得滑順綿密。使用攪拌機會比食物調理機快速，並且刮的次數較少。

製成綿密的腰果醬後，加入草莓、香草和海鹽。攪拌混合。試吃腰果醬，依個人喜好調整口味。若腰果醬太濃稠，加入椰子油混合（我通常加 1 湯匙，使濃稠度降低）

將腰果醬倒入 1–2 個玻璃罐（如梅森罐、Weck 玻璃罐）。蓋上蓋子，可於室溫保存 2 週、冷藏 3 個月。

祕訣

這款食譜的快速版，可用**454克**的罐頭腰果醬取代腰果，並將腰果醬與其他食材混合即可。

準備時間：10分鐘

烘焙時間：15分鐘

總時間：25分鐘

份量：約2杯

....

2½杯（300g）生腰果

2-3湯匙精製椰子油

1-2湯匙椰糖

1茶匙香草精或½茶匙香草莢粉

½茶匙肉桂粉

¼茶匙猶太鹽

¾杯（81g）無麩質燕麥片，可
　先烤過（見秘訣）

3湯匙可可碎粒或迷你巧克力豆
　（見秘訣）

巧克力豆燕麥腰果醬

原始人、無穀類、純素、無麩質、無乳製品

來認識你最好的新朋友！若你喜歡用湯匙挖取燕麥餅乾麵團食用，這款點心是為你而設計。裡頭充滿烤燕麥和迷你巧克力豆，遠勝過一般堅果醬。濃稠的質地可以抹在吐司上／餅乾之間；稀釋後可以淋在燕麥粥、果昔碗或冰淇淋上。亦可用我最愛的方式：用湯匙挖來吃。

烤箱預熱至 175°C。烤盤鋪上烘焙紙。

將腰果鋪在烤盤上，烘烤約 10 分鐘，至稍微烤熱、香氣釋出。讓腰果在烤盤上冷卻數分鐘（若趕時間可以使用生腰果，但烤過更容易打碎、也更美味。）

將微溫的腰果放入裝有金屬刀片的食物調理機／高速攪拌機（我用 Vitamix）。攪拌 3–6 分鐘，必要時將邊緣的腰果往下刮，直到變得滑順綿密。使用攪拌機會比食物調理機快速，並且刮的次數較少。

當腰果打碎、形成滑順綿密的腰果醬後，加入 2 湯匙椰子油、1 湯匙椰糖、香草、肉桂和鹽。攪拌混合均勻。試吃腰果醬，依個人喜好調整口味。若喜歡偏甜，加入更多椰糖；若想要更稀，加入更多椰子油；亦可兩者都加。加入燕麥，瞬轉攪拌混合。

若使用可可碎粒，於此時加入，瞬轉攪拌。若使用迷你巧克力豆，等腰果醬完全冷卻後，再加入並瞬轉攪拌。

待續

將腰果醬倒入 1–2 個玻璃罐（例如梅森罐、Weck 玻璃罐）。蓋上蓋子，可於室溫保存 2 週、冷藏 3 個月。

秘訣

- 烘烤燕麥片時，以中火加熱中型不沾黏平底鍋。加入燕麥片，翻炒 5–10分鐘，持續翻動，至釋出燕麥香、呈現淺金黃色。將燕麥片倒入盤子冷卻。
- 可用葡萄乾取代巧克力豆，製成葡萄乾燕麥腰果醬！

免煮焦糖醬
原始人、無穀類、純素、免烤、無麩質、無乳製品

這個作法快速又簡單，我喜歡在冰箱裡儲備一罐，以便隨時將焦糖醬淋在任何食物上。以堅果醬為基底製成：我最喜歡腰果醬，因為我發現它的風味最類似焦糖，但任何其他堅果醬皆可使用。杏仁醬也很好吃，或用花生醬製成花生焦糖醬！

將腰果醬、楓糖醬和椰子油混合。微波 30 秒，或直到原料全部融合。攪拌均勻，加入鹽和香草，再次攪拌。混合均勻後，可立即食用或倒入密封玻璃罐。

將焦糖醬密封，可冷藏保存 1 個月。冷卻時會變硬，食用前可微波加熱 30 秒，或舀入小型湯鍋，以小火加熱至流動。

總時間：5分鐘
份量：1大杯

½杯（128g）滑順腰果醬
⅓杯（113g）純楓糖醬
⅓杯（67g）精製椰子油
¼茶匙海鹽
½茶匙香草精

熱乳脂軟糖醬

原始人、無穀類、純素、無堅果、免烤、無麩質、無乳製品

需要完美淋醬搭配「雙倍巧克力鑄鐵鍋餅乾」（166 頁）或「終極乳脂軟糖布朗尼」（201 頁）嗎？這款熱乳脂軟糖醬是首選——可以淋在任何需要增添巧克力味的食物上。這款滑順淋醬也很適合搭配水果、蝴蝶餅與任何想得到的東西。

將椰奶、可可粉、椰糖和椰子油倒入中型湯鍋。煮至沸騰，轉成小火煨煮約 3 分鐘，持續攪拌，使椰糖融化、醬汁稍微變稠。

依個人口味加入巧克力、香草、鹽。靜置約 1 分鐘，使巧克力融化，再攪拌至光滑。讓成品冷卻 10–15 分鐘後，再溫熱上桌。

成品冷卻時會變濃稠。可用微波爐加熱 15–30 秒，或用爐火加熱、稍微攪拌後再上桌。將成品倒入密封玻璃罐，可冷藏保存 1 週。

準備時間：5分鐘
烘焙時間：10分鐘
總時間：15分鐘
份量：1½杯

1杯罐裝全脂椰奶
¼杯（21g）生可可粉
¼杯（36g）椰糖
2湯匙（25g）精製椰子油
113g苦甜巧克力豆/塊（約⅔杯）
1茶匙純香草精
猶太鹽

總時間：10分鐘
份量：2杯

....

2½杯（283g）無鹽烤花生
⅓杯（58g）生可可脂，融化
2湯匙（18g）椰糖
1杯無麩質蝴蝶餅

白巧克力蝴蝶餅花生醬
純素、免烤、無麩質、無乳製品

在我對蔬食／純素飲食產生興趣以前，我和爸爸很愛去一間蔬食餐廳。除了有好玩的吊椅外，我喜歡它們有賣各種自製堅果醬以及超棒的菜單。每次離開時，我都忍不住帶一罐白巧克力蝴蝶餅花生醬：非常綿密、帶有白巧克力的香甜、蝴蝶餅的脆鹹。我用融化的生可可脂、椰糖、無麩質蝴蝶餅重現這個味道，成品和我記憶中的一樣好吃。這款堅果醬最適合用湯匙舀來吃，或是當成草莓和蘋果的沾醬。

....

將花生倒入裝有金屬刀片的食物調理機／高速攪拌機（我用Vitamix），攪拌 5–7 分鐘，至完全滑順。必要時，將容器邊緣的食材往下刮。用攪拌棒將花生推向刀片處。當堅果攪拌時，會經過幾個階段：粉狀、接著是糊狀、最後變成一顆大球。別擔心，當油脂釋出後，堅果會持續被打碎，直到形成綿密美味的花生醬！

當混合物達到綿密的質地後，加入融化的生可可脂和椰糖，攪拌均勻。加入蝴蝶餅，瞬轉攪拌至滑順，帶有些許蝴蝶餅的酥脆口感。

將花生醬裝入密封罐。可於室溫保存 2 週、冷藏 2 個月。

索引 註：圖片頁碼以*斜體*表示